铅笔柏引种栽培研究

赵亚萍　杨成生　王俊杰　编著

兰州大学出版社
LANZHOU UNIVERSITY PRESS

图书在版编目（ＣＩＰ）数据

铅笔柏引种栽培研究 / 赵亚萍，杨成生，王俊杰编
著. -- 兰州：兰州大学出版社，2021.8
ISBN 978-7-311-06046-6

Ⅰ. ①铅… Ⅱ. ①赵… ②杨… ③王… Ⅲ. ①圆柏属
－栽培技术－研究 Ⅳ. ①S791.44

中国版本图书馆 CIP 数据核字(2021)第 176186 号

责任编辑　米宝琴
封面设计　张珂源

书　　名　**铅笔柏引种栽培研究**
作　　者　赵亚萍　杨成生　王俊杰　编著
出版发行　兰州大学出版社　（地址:兰州市天水南路222号　730000）
电　　话　0931-8912613(总编办公室)　0931-8617156(营销中心)
　　　　　0931-8914298(读者服务部)
网　　址　http://press.lzu.edu.cn
电子信箱　press@lzu.edu.cn
印　　刷　甘肃发展印刷公司
开　　本　787 mm×1092 mm　1/16
印　　张　11.5(插页12)
字　　数　205千
版　　次　2021年8月第1版
印　　次　2021年8月第1次印刷
书　　号　ISBN 978-7-311-06046-6
定　　价　46.00元

(图书若有破损、缺页、掉页可随时与本社联系)

铅笔柏开花

铅笔柏结果

铅笔柏种子处理

不同处理种子发芽试验

百粒种子发芽情况

不同处理种子低温试验

铅笔柏播种育苗

播种出苗3个月

播种出苗5个月

播种1年的苗木

播种2年的苗木

移栽5年苗和2年苗比较

定西3年生苗

组培试验

铅笔柏组培试验

天水三阳川苗圃6年生苗 (1)

天水三阳川6年生苗 (2)

6年生苗（3）

天水北山移栽6年生苗

铅笔柏优株5年生

铅笔柏优株8年生

铅笔柏9年生

铅笔柏扦插试验

铅笔柏不同处理扦插试验

水势测定仪

1年生五星坪苗圃育苗

扦插育苗生根情况

1年生大田育苗

荒山造林3年生苗

缓坡地造林6年生苗

2年生铅笔柏、侧柏生长情况

2年生铅笔柏、侧柏根冠比较

荒山造林5年生苗

同条件下铅笔柏、侧柏生长比较

技术人员查看种子情况

5年生苗

播种后

0.2年生苗

1.2年生苗

铅笔柏树形

坡地铅笔柏林

铅笔柏根部

铅笔柏试验示范点及适生区域示意图

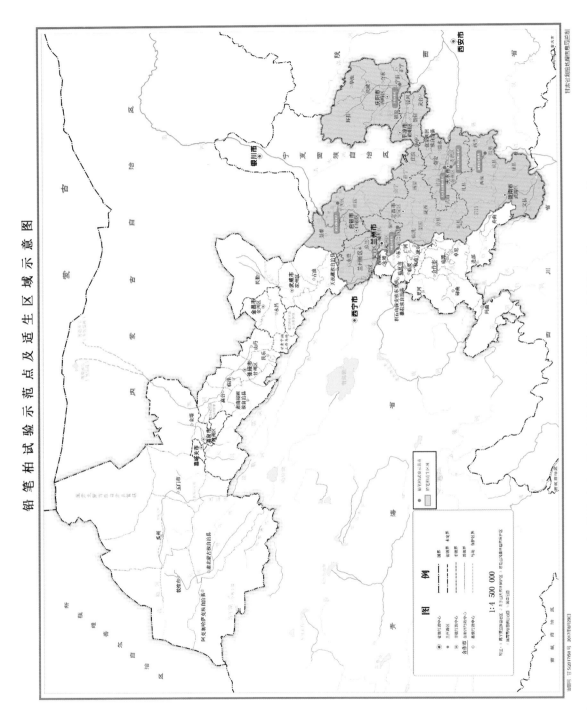

审图号：甘S(2017)58号

铅笔柏试验示范点及适生区域示意图

1:4 500 000

序

铅笔柏属柏科圆柏属，常绿高大乔木，原产北美洲东部和中部，其分布范围自加拿大的东南部起经美国至墨西哥北部地区，是北美洲东部分布最广的针叶树种。铅笔柏枝繁叶茂，树冠优美，适应性强，寿命长，用途广，是圆柏属中生长最快的树种，可因地制宜营造用材林、防护林，也可用作园林观赏、四旁植树及荒山绿化树种。由于本树种具有耐干旱，抗瘠薄的特点，在一般针、阔叶树种不易成林的荒山，可作为造林先锋树种，以达到绿化效果。铅笔柏种类多，生态幅度宽，人工引种栽培可扩大森林资源，对生产木材、保持水土、改善环境以及维护生态平衡均具有显著作用。因此，扩大铅笔柏的育苗栽培是实施林业可持续发展战略的重要举措。

《铅笔柏引种栽培研究》一书，是甘肃省林业科学研究院广大林业工作者20多年来科学实践的结晶，也是作者深入现场实地研究探索的原创性成果。甘肃引种铅笔柏获得成功，为发展铅笔柏奠定了良好的基础。这部著作系统总结了铅笔柏树种的生长适应性与育苗栽培的系列技术，阐述了我国铅笔柏引种类型及其研究、生产现状与发展方向，具有重要的应用价值。

铅笔柏引种、育苗及栽培技术是该树种引种的关键，该书具体阐述了铅笔柏树种育苗技术、种子的处理、抗旱性研究方法及措施。本书内容翔实、丰富，有一定的深度和广度，在一定程度上发展和提高了铅笔柏引种的理论和技术，拓宽了铅笔柏引种栽培的研究领域，具有较高的学术水平与引导、推动作用。

本书引证了部分新技术、新成果，反映了近10年来国内外铅笔柏研究的进展和趋势，具有一定的指导和参考意义。

《铅笔柏引种栽培研究》的出版，将在我国林业科学技术发展中发挥重要作用。本书可供林业生产、科研、教学人员借鉴。

甘肃省林业科学研究院院长　研究员

2021年4月

前　言

　　铅笔柏（*Sabina virginiana* L.），又称红柏、红桧、北美圆柏，属柏科常绿高大乔木。铅笔柏是圆柏属中生长最快的树种，在亚热带北缘气温较低、雨量较少的条件下，铅笔柏甚至比杉木生长快。铅笔柏寿命长，成年后仍能保持生长较快的特点。铅笔柏根系发达，枝叶繁茂，枝干柔软，抗风能力强，很多国家引种栽培用作防风林，在美国大平原防风林建设中，被证明是成活率最高的针叶树种。铅笔柏树冠挺拔俊秀，枝叶浓密，形态多变，易造形、耐修剪，观赏价值高，是园林观赏、四旁植树的理想树种。

　　铅笔柏耐干旱，抗瘠薄，对气候和土壤条件均具有较强的适应性，对生境中诸如低温、干旱、冰雹、雪压、风害等不利因素均具有较强的忍耐能力；易成林成材，用途广泛，可作为荒山造林的先锋树种，在退耕还林（草）、天然林保护和绿色通道建设工程中将发挥重要作用。

　　甘肃省位于我国西北部，为我国东部季风区、西北干旱区及青藏高原区三大自然区的交汇处，气候类型复杂多样，但多数为各气候类型区的边缘地带，尤其是甘肃黄土高原及河西地区，自然植被相对简单，乡土树种资源十分贫乏。总体来说，除部分林区及林缘地区外，甘肃省大部分地区年降水量不足500 mm，属干旱、半干旱地区。全省各地人工造林树种主要为耗水量较大的杨树及刺槐，白榆、旱柳、臭椿等比重较小；在干旱、半干旱地区，除灌木外，抗旱乔木树种主要以侧柏或山杏等为主；在部分相对比较湿润的山地阴坡，尚有少量的油松、华山松、云杉、华北落叶松等针叶树种。我们总结多年的造林实践，发现上述树种使用中均不尽如人意。在生态适应性方面，铅笔柏与我国的乡土树种侧柏相近，两者分别为东西半球相对亚洲东部和北美东部广泛分布的柏科树种，从我省引进的铅笔柏种来看，长势明显优于侧柏，并表现出良好的速生性和抗逆性。铅笔柏是圆柏属中生长最快的树

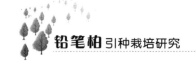

种，通过对铅笔柏引种抗旱性进行研究，我们准确掌握了铅笔柏的生态习性，为将来在甘肃各地不同立地条件下大规模应用铅笔柏造林奠定理论基础。

本书由甘肃省林业科学研究院在探索总结甘肃省铅笔柏引种育苗、栽培技术创新与示范、抗逆性等近20年研究的基础上，结合育苗、栽培试验结果等编著而成，系统总结了铅笔柏树种的生长适应性与育苗栽培的系列技术，阐述了我国铅笔柏引种类型及其研究、生产现状与发展方向，具有重要的应用价值。本书引证了部分新技术、新成果，反映了近20年来国内外铅笔柏研究的进展和趋势，具有广泛的指导和参考意义。

本书共五章，第一章(赵亚萍、杨成生)主要介绍铅笔柏生物学特性及生态学特征；第二章（赵亚萍、杨成生、冯颖、李琴霞、朱丽）主要介绍铅笔柏种源及栽培技术引进；第三章（王俊杰、赵亚萍、杨成生、朱丽、李琴霞、冯颖）主要介绍铅笔柏种苗繁育及造林技术创新研究；第四章（杨成生、赵亚萍、朱丽、李琴霞、冯颖）主要介绍铅笔柏栽培技术示范研究；第五章（赵亚萍、杨成生、李琴霞、朱丽、冯颖）主要介绍铅笔柏抗旱性研究。

在此，谨向所有关心、协助我们工作的同志们致以衷心的感谢！并请广大读者提出改进意见。

编　者

2020年8月于兰州

目　录

第一章　绪论 ……………………………………………………………001
　第一节　铅笔柏地理分布 ………………………………………………001
　第二节　铅笔柏生物学特征 ……………………………………………001
　　一、形态特征 …………………………………………………………001
　　二、生物学、生态学特征 ……………………………………………002
　　三、铅笔柏用途 ………………………………………………………002

第二章　铅笔柏种源引进技术研究 ………………………………………004
　第一节　铅笔柏在国内的引种情况 ……………………………………004
　第二节　种子处理技术理论分析 ………………………………………006
　第三节　育苗试验 ………………………………………………………015
　　一、生境条件 …………………………………………………………015
　　二、确定种源 …………………………………………………………016
　　三、种子检验 …………………………………………………………016
　　四、种子催芽处理 ……………………………………………………016
　　五、容器育苗 …………………………………………………………018
　　六、苗期管理 …………………………………………………………020
　第四节　物候观测及不同种源的抗寒性研究 …………………………021
　　一、观测方法 …………………………………………………………021
　　二、观测指标 …………………………………………………………021
　　三、铅笔柏各个种源间的物候期的差异 ……………………………022
　第五节　铅笔柏苗期生长量的调查 ……………………………………023
　　一、材料与方法 ………………………………………………………023
　　二、调查结果与分析 …………………………………………………023
　　三、结论 ………………………………………………………………024
　第六节　铅笔柏组织培养与扦插试验 …………………………………024
　　一、铅笔柏组培试验 …………………………………………………025

二、铅笔柏扦插试验 ………………………………………………029
　　第七节　铅笔柏造林试验 ……………………………………………032
　　　　一、试验材料 ………………………………………………………032
　　　　二、试验方法 ………………………………………………………033
　　　　三、结果与分析 ……………………………………………………037

第三章　铅笔柏种苗繁育技术研究 …………………………………047
　　第一节　国内外研究概况 ……………………………………………047
　　　　一、种子育苗研究 …………………………………………………047
　　　　二、扦插育苗研究 …………………………………………………049
　　　　三、病虫害防治 ……………………………………………………053
　　第二节　研究内容 ……………………………………………………056
　　　　一、铅笔柏种子育苗技术研究 …………………………………056
　　　　二、铅笔柏无性繁殖技术研究 …………………………………056
　　第三节　研究结果与讨论 ……………………………………………056
　　　　一、播种前种子预处理 ……………………………………………056
　　　　二、种子实生苗繁育 ………………………………………………062
　　　　三、种子育苗研究小结 ……………………………………………067
　　　　四、无性繁殖技术研究 ……………………………………………067
　　第四节　其他相关研究 ………………………………………………089
　　　　一、夏季铅笔柏大苗移栽试验 …………………………………089
　　　　二、铅笔柏病害调查与防治 ……………………………………091
　　　　三、前茬效应对铅笔柏造林的影响 ……………………………095
　　　　四、铅笔柏与其他树种的混交效应 ……………………………097
　　　　五、铅笔柏个体分化调查分析 …………………………………098
　　第五节　种苗繁育研究取得的创新成果 ……………………………099
　　第六节　存在的主要问题 ……………………………………………100

第四章　铅笔柏栽培技术及示范研究 ………………………………101
　　第一节　栽培技术示范研究内容及方案 ……………………………101
　　　　一、研究内容 ………………………………………………………101
　　　　二、技术方案 ………………………………………………………102
　　第二节　栽培技术试验示范 …………………………………………102
　　　　一、种苗材料 ………………………………………………………102
　　　　二、示范林营造及效果 …………………………………………102
　　第三节　苗木繁育基地建设 …………………………………………106

第四节　绿化苗木培育 ··106
第五节　铅笔柏区域试验 ··107
　　一、研究目标 ···107
　　二、预期指标 ···108
　　三、试验结果 ···108
第六节　研究实施效果 ··109
第七节　研究熟化程度及效益分析 ··110

第五章　铅笔柏抗旱性研究 ··112
第一节　铅笔柏抗旱性研究概况 ···112
第二节　试验地及试验材料概况 ···115
　　一、试验地点 ···115
　　二、试验材料(铅笔柏、侧柏) ···116
第三节　铅笔柏、侧柏树种含水量的测定 ···································116
　　一、仪器设备 ···116
　　二、材料及方法 ···116
　　三、计算公式及结果 ··117
　　四、比较分析 ···119
第四节　水分胁迫对铅笔柏、侧柏幼苗生长的影响 ·····················119
　　一、试验材料 ···119
　　二、研究方法 ···119
　　三、计算方法 ···120
　　四、结果统计 ···120
　　五、比较分析 ···122
　　六、小结 ···122
第五节　采用P-V技术获得铅笔柏、侧柏苗木水分参数 ···············122
　　一、甘肃林业职业技术学院试验点 ··123
　　二、天水市三阳苗圃试验点 ··127
　　三、天水市北山(杜家沟)试验点 ···130
　　四、室内盆栽幼树与成年树抗旱性比较研究 ···························133
第六节　铅笔柏、侧柏幼苗立枯病的防治试验研究 ·····················138
　　一、材料和方法 ···138
　　二、调查结果 ···139
　　三、小结 ···139
第七节　铅笔柏、侧柏生理生化指标测定 ···································140
　　一、叶绿素含量 ···140

二、电导率(电导率仪法) ……………………………………………… 141

三、可溶性糖含量(蒽酮法) …………………………………………… 143

四、脯氨酸含量 …………………………………………………………… 145

五、丙二醛含量 …………………………………………………………… 147

六、超氧化物歧化酶含量(硝基四氮唑蓝法) ……………………… 148

七、蛋白质含量(考马斯亮蓝法G-250) …………………………… 150

八、幼树根冠比 …………………………………………………………… 152

九、枝叶保水力 …………………………………………………………… 153

十、幼树根系活力(TTC法) ………………………………………… 153

第八节　铅笔柏、侧柏抗旱性综合评价 ………………………………… 156

一、抗旱性评价指标体系 ……………………………………………… 156

二、抗旱性评价方法 …………………………………………………… 158

三、抗旱性评价结果 …………………………………………………… 159

四、分析与讨论 ………………………………………………………… 164

参考文献 ………………………………………………………………………… 166

第一章　绪论

第一节　铅笔柏地理分布

铅笔柏（*Sabina virginiana* L.），又名北美圆柏、红柏，柏科圆柏属常绿高大乔木，原产北美洲东部和中部，其分布范围自加拿大的东南部起，经美国至墨西哥北部地区，是北美洲东部分布最广的针叶树种。铅笔柏在美国分布范围最广，东起大西洋沿岸，南至路易斯安那州，西达堪萨斯州，北至明尼苏达州和威斯康星州，大约在西经103°以东，北纬29°～44°的32个州的范围内，从沿海平原到2000 m的高山都有分布。

铅笔柏早在17世纪即被引入欧洲各国，近100年来，不少国家植物园相继引种栽培，发展较快。我国引种铅笔柏始于20世纪初期，最早被试种在南京，后在山东泰安、青岛等地试验栽培。近40年来，已陆续向长江以南、黄淮海平原、东北近海、华北平原、西北黄土高原扩展。栽培较早的地区，如北京、青岛、泰安和徐州等地，铅笔柏都已开花结实，长势良好，显示出它的优良性状。

第二节　铅笔柏生物学特征

一、形态特征

铅笔柏在原产地树高可达30余米；一般树干胸径30～68 cm，最大可达120 cm；树龄300余年。树皮红褐色，裂成长条片脱落，枝条直立或向外伸展，形成柱状、圆锥形树冠。叶二型，鳞片排列较疏、菱状卵形，刺叶多出现在幼树上，交互对生舒展，先端有角质尖头，上面凹、被白粉；雌雄异株，稀同株。雄球花每年8月在新枝梢上形成，至11月中旬，鳞片由黄绿色转成褐色时停止生长，于翌年3月中下旬，鳞片翘裂，散出花粉；雌球花在10月下旬形成，于翌年3月中旬至4月上旬开花，胚株受精后种鳞渐闭合，形成球果。球果当年成熟，成熟球果为浆果状肉质球果，近圆形或卵圆形，蓝绿色，被白粉，有香气，内有种子1～2粒，球果出籽率为14%～16%。种子卵圆形，有树脂槽，熟时蓝褐色。铅笔柏开花结实年龄不一致，在美国较晚。国内引种人工林开花结实早，4年生实生苗有少数单株开花结实，6年生实生苗开花结实率达70%，8年生实生苗开花结实率在95%以上。结实率大小与冠型有关，冠型松散结实率高，反之结实率低。种子在阴凉通风或低温5℃以下干藏或沙藏，可使种子活力维持25～70年。

二、生物学、生态学特征

铅笔柏的原分布区内，西部年降水量为406 mm，南部为1000～1500 mm，降水量分配有夏雨型，也有全年均匀分布型。年均气温4～20℃，极端最高气温32～41℃，极端最低气温-43～-7℃。年生长期120～250 d。铅笔柏适生于多种土壤，从岩石露头的干石山地和石灰岩山地到湿地均有生长。在其他树种难以生存的地方，也有铅笔柏天然林分布。天然林地土壤pH值通常为4.7～7.8，铅笔柏更适于生长在中性和微酸性土壤中。铅笔柏为强阳性树种，是荒山荒地（弃耕地）造林的先锋树种。

铅笔柏根系发达，在深厚干旱土壤中，2年生幼苗地上部分高仅16 cm，主根直伸土壤深层达132 cm；在土层仅10 cm的石山上，就能长出发达的须根，密网状丛生。发达且可塑性极大的根系是它适应性强的保证。铅笔柏含钙量高（超过2%），可以在一个不太长的时间内改良土壤酸碱性。南京是我国引种铅笔柏最早且生长较好的地区，在南京大致相同立地条件下，经过生长进程分析表明，铅笔柏11年生之前高生长较快，是早期速生树种；32年生以后高生长几乎停止，胸径、材积增长缓慢、干型稳定、趋于成熟，说明铅笔柏是短周期经营树种。

三、铅笔柏用途

铅笔柏是造林树种，更是珍贵的观赏树种（田丽杰等，2006）。铅笔柏有19个栽培种，如叶有不同颜色：银白色、金黄色等；冠形有柱形、塔形等；枝条有下垂或伸展；还有矮生类型等。主要类型包括：蓝粉叶铅笔柏（*S. virginiana* f. carr），叶被白粉，远观如覆白露，呈翠蓝色；斑叶铅笔柏（*S. virginiana* f. laws），叶有金黄色斑；垂枝铅笔柏（*S. virginiana* cv. pendula），枝条下垂；塔形铅笔柏（*S. virginiana* cv. pyramidlis），树冠塔形。由于铅笔柏树姿挺拔、枝叶浓密、形态多变、耐修剪、适应性强、观赏价值高，所以是很好的园林绿化树种和造林树种。

铅笔柏枝繁叶茂，树冠优美，适应性强，寿命长，用途广，是圆柏属中生长最快的树种，可因地制宜营造用材林、防护林，也可用作园林观赏、四旁植树及荒山绿化树种。由于本树种具有耐干旱、抗瘠薄的特点，在一般针、阔叶树种不易成林的荒山，可作为造林先锋树种，以达到绿化效果。铅笔柏一般无梨锈病发生，即使与易发生锈病的侧柏、桧柏种在一起，也很少受到感染，因此用作梨、苹果果园的防护林带树种也十分理想。

铅笔柏材质柔软，淡红色或赤褐色，木理通直美观，芳香，坚固耐用，是制作家具、工艺品的良好用材，也是建筑良材；其材质锯切、卷削性能好，被世界铅笔制造业誉为制作铅笔杆最理想的木材，故有铅笔柏之称。铅笔柏各部分含有芳香油，以木材含油量最高，木材蒸馏所得的油是薰香剂和香料固定剂。所以铅笔柏的木材各部分，包括大侧枝的部分均可利用，随着该树种引种面积的不断扩大，其林副产品的经济效益也日益增加。

第二章　铅笔柏种源引进技术研究

2000年，甘肃省林业科学研究院承担国家林业和草原局下达的"948"项目《铅笔柏种源及栽培技术引进》课题，在气候干旱的黄土高原区开展铅笔柏的生长适应性和繁育技术的研究，取得了一定的技术成果。研究发现铅笔柏种子发芽率较低，需要进一步探索催芽技术，以提高种子育苗效率；铅笔柏种子价格高昂，种子育苗成本较高，不利于该树种的推广应用，同时铅笔柏实生苗个体之间的变异较大，有利于选育适用于不同目的的优良无性系，需要无性繁殖技术的支持，需要探索适应西北干旱气候的铅笔柏无性繁殖技术；铅笔柏在甘肃省的适生区域还需要通过严格的区域试验确定。因此，甘肃省林业科学研究院成立研究组对铅笔柏的生长适应性和繁育技术进行全面系统的观测及研究，取得了一定的技术成果，为以后对铅笔柏树种进一步研究及繁育提供理论依据。

第一节　铅笔柏在国内的引种情况

铅笔柏17世纪引入欧洲，用作城乡绿化或圣诞树培植，也有不少国家用于石质荒山造林。我国20世纪初开始引进铅笔柏，最早引种于南京，现明孝陵尚有75年生大树3株。70年代在江苏、北京、安徽营造引种试验林和区域试验林。1972年安徽萧县建立了铅笔柏繁殖场，用于石质山地造林，其在生长速度、成活率、抗病虫和抗牲畜危害等方面都远远超过当地最好的造林树种——侧柏。80年代林业部又从国外批量引进种子，在山东、江苏、北京、辽宁、河南开展扩大引种试验。

蒋贵银与刘德胜（1985）报道，在安徽萧县石质山地铅笔柏造林获得成功，在造林后连续干旱3个月的情况下，铅笔柏成活率达到95%，而侧柏成活率仅为62%，

6年生时，铅笔柏平均树高2.59 m、地径7.18 cm，侧柏则分别为1.32 m、3.83 cm。研究发现，铅笔柏由于具有刺叶，而不像侧柏那样容易遭受羊群危害。研究中还根据冠形的不同，将铅笔柏分为圆柱型、圆锥型、卵圆型、松散型、垂枝型及矮冠型等6个类型。圆柱型、圆锥型和卵圆型干型通直圆满，适于山地造林；而松散型、垂枝型和矮冠型则由于冠形奇异优美，适于园林绿化。

刘文晃与陈邦抒（1983）报道，在江苏射阳沿海防护林中引种铅笔柏，试验表明，在含盐量0.1%以下的轻盐碱地上，播种能正常出苗，幼苗生长良好；在含盐量0.15%左右的中盐碱地上，种子发芽率较低，苗木生长一般；在含盐量0.2%的重盐碱地上，铅笔柏种子不能发芽，苗木生长也不良。

殷豪（1984）在江苏徐州石灰山地进行了铅笔柏引种试验。结果表明，在相同的立地条件下，铅笔柏的高、径生长比侧柏快；铅笔柏耐干旱及抗寒能力比侧柏强，造林后经过连续春旱100余天仍能正常生长，而侧柏则叶色变黄而生长缓慢，经过冬春持续低温93 d，最低气温-19 ℃，没有发现铅笔柏冻害现象；在当地造林2年后有个别植株开花，但空粒率较高。

徐树华与俞慈英（1996）报道，在浙江舟山海岛引种铅笔柏获得成功。经过14年的多种立地条件、多点试验，结果表明，铅笔柏适宜于海岛山地生长，其树高年均生长量为0.54 m，胸径年均生长量0.89 cm。此外，还能适应滨海涂地生长，在海涂的防护林带中栽植，表现良好。与外来引种及当地柏木和松树相比，铅笔柏更适应舟山海岛生长。报道称，冰箱内3～5 ℃低温湿沙层积3个月催芽效果最好，发芽率可达83.5%；干燥种子在冰箱内3～5 ℃低温密封贮藏处理的发芽率仅18.5%，常规室温下纸袋贮藏处理的发芽率仅3.5%。研究认为，铅笔柏秋播比春播的效果好，两者当年生长量接近。铅笔柏抗风性较强，在防护林网中，受台风影响的柏木风倒和倾斜率达23%，主枝断裂率达7%，而铅笔柏风倒倾斜率仅6%，且无主枝断裂现象。铅笔柏比较耐盐碱，在含盐量0.13%～0.25%的造林地上，保存率可达95%以上。对比试验表明，在相同的立地条件下，铅笔柏的高生长超过黑松和马尾松，而略低于柏木，但径生长量则超过其他3个树种；在滨海涂地上，铅笔柏高生长量略高于柏木，径生长则接近。

张家麟（1985）从山东泰安引进铅笔柏种子，在北京开展栽培试验。结果表明，铅笔柏在引种地生长良好，3年生苗造林后第8年时平均树高3.58 m，平均地径6.78 cm。研究认为，铅笔柏对北京地区的干旱风较敏感，宜栽植在背风向阳、低山缓坡地或台地上；铅笔柏耐盐碱并稍耐水湿，其抗盐能力与花旗松、白蜡、忍冬相

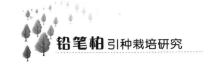

近；对大气中SO$_2$的抗性较强。另据报道，在安徽萧县铅笔柏被洪水淹泡20 d后安然无恙。

刘启慎等（1996）经过7年研究表明，在17个柏类树种中，铅笔柏比较适应太行山低山石灰岩地区的条件，其生长量接近甚至超过侧柏。铅笔柏与侧柏行间混交在土层深厚、条件优越的地方生长表现较好，且种间关系协调，互相促进，生长稳定。铅笔柏苗蘸50 mg/L生根粉3号，浸2 h，再蘸泥浆造林，当年成活率可达95%以上。

焦树仁等（2000）在内蒙古通辽市园林苗圃引种铅笔柏初获成功，研究认为美国南达科他州种源在立地条件较好的圃地生长量超过樟子松，适宜继续引种栽培，安徽种源则不宜往北方引种。

陈万章（1991）研究认为，铅笔柏耐阴性较强，可与小意杨、泡桐等速生阔叶树种混交，只要速生树种及时间伐合适，保持适当的透光度，对铅笔柏的生长影响不大，混交时间以阔叶树造林2～3年后为宜，混交年限可达12年。

曹方录等（1993）报道，从江苏林科所引进该所选育的6个无性系扦插苗，开展栽培试验，分别是苏柏1～6号，3年试验结果表明，苏柏1号和苏柏4号两个无性系扦插苗生长最好，而且其原株生长表现也最好。

孟少童等（2004，2005，2006）报道，引进美国德克萨斯、路易斯安那、新英格兰、蒙大拿、南达科他、密苏里等6个铅笔柏种源，在甘肃兰州、天水和临洮等地试验。结果表明，不同种源在甘肃的生长表现不同，其中以路易斯安那和南达科他两个种源表现最好，德克萨斯种源表现最差。研究还表明，在6个种源中，南达科他种源的抗寒性最强，路易斯安那种源抗寒性最低。

总之，从各地引种试验的情况来看，铅笔柏在各个引种地均具有较强的适应性，其生长表现接近或优于侧柏等乡土树种，并具有一定的抗旱、抗寒、耐盐碱、耐水淹能力，具有良好的推广应用前景。

第二节　种子处理技术理论分析

在自然条件下，同一批种子播种之后，有的种子出苗早，有的种子出苗晚。林木种子出苗早晚差异尤其大，差异小者数日，大者十几天，甚至超过一个月。

在适宜条件下，种胚开始生长到成苗的过程称为种子萌发或发芽，种胚开始生长叫萌动。在种子吸水膨胀初期，种胚与整个种子一起吸胀不属于萌动，因为其中没有细胞分裂，死种胚也会吸胀。通常以胚根或胚芽长到一定长度作为种子发芽的标准。如水稻种子，称胚根突破种皮为"露白"，胚芽长达到种子长度的一半为发芽。发芽种子胚轴伸长把子叶顶出地面称为出苗。在自然环境中，受内外因素的影响，播入土中的种子不一定全部萌动，萌动的种子不一定全部发芽，发芽的种子不一定全部出苗，幼苗也不一定全部长大。

一般说来，种子遇水吸胀到饱和状态后要维持一段时间才萌动，这个时期称为吸胀停滞期（以下简称胀停期）。在胀停期，种子仍然缓慢吸收水分，当再次大量吸水时就表明种子萌动了。在胀停期，种子内部要进行一系列生理生化过程完成发芽准备，就像搭箭拉弓准备发射一样。除受环境影响之外，种子完成发芽准备所需时间主要决定于其遗传性质。"龙生九子，子子不同"，种群观点认为，同种生物个体之间总存在差异，不会绝对相同。生物的性状包括外表形态、生理状态、发育过程、生活史、行为和对环境的响应等方面。在同一个性状上，个体之间总是互有差异，这种差异就叫变异。因此，同一批种子胀停期长短各异，发芽出苗有早有晚，是种子遗传变异的外在表现。

与吸胀过程相似，一些植物的种子在萌发时其呼吸过程可分为四个阶段，即呼吸速率迅速升高──→停滞──→升高（萌动）──→下降（种子贮藏物质消耗殆尽）。注意，用种群观点来看，这四个阶段也存在变异，不同种子在各个阶段的峰值、长短等各不相同。

发芽准备过程对植物的意义重大。环境不断变化，种子点所在的浅层土壤水分变化尤其迅速剧烈。浅层土壤被降雨或流水迅速充水饱和，之后就逐渐干燥，点环境的这种剧烈变化极其不利于种子萌发。如果点环境能够支持种子渡过胀停期，那么就说明该点环境更能湿润较长时间，更有可能保证胚根生长伸入深层土壤吸收水分进而成苗。所以，发芽准备相当于种子判断环境适宜发芽与否的探测器。

胀停期变异对植物种群繁衍意义重大。胀停期短的种子能够迅速出苗，获得先发优势，有利于幼株在竞争中胜出，其风险是土壤湿润短暂，种子胚根刚刚生出就干旱致死。胀停期长的种子风险是出苗迟不利于竞争，但可能探测到更优越的环境，更能适宜其幼苗顺利生长。在土壤变得干燥时，处于胀停期的种子可以回干，以便被风吹水冲迁移到更适宜的环境，甚至可以这样反复多次等待几年。因此，种子胀停期变异是植物种子应对环境的不同策略，否则以不变应万变只会"一荣俱荣，一枯俱枯"。"不能把鸡蛋都放在一个篮子里"说的就是这个道理，种子的胀停期变异就是一种"多头下注策略"。尽管每种胀停期的种子出苗机会都微乎其微，但把这些机会累加起来效果就很显著了。假设每类种子出苗的机会为万分之一，那么一批包含十类的种子，其出苗总机会就达到千分之一。母树群体每年生产种子数以万计，即使其出苗总机会低到千分之一，也能有相当数量的幼苗生长于不同环境中，足以确保其种群繁衍。其实，由于林木寿命长达数十年，不必每年都建成新繁殖群，即使连续几年没有幼苗都不影响其繁衍。

种子发芽要从环境中吸收水分和氧气，响应环境影响。种子形体一般很小，自身占据空间不大，能够影响其发芽的空间很有限，可以把种子能够占据的空间及明显影响其发芽过程的空间合称为种子穴，其环境称为点环境。空间是分异的，所以种子穴各不相同，点环境也各不相同。由于环境因子在时间上的变化，一个种子穴有时适宜种子发芽，有时不适宜种子发芽，种子胀停期就是用来探测确定发芽时机的。由于种子存在广泛变异，几乎无以数计的、各不相同的种子穴中，总会有一些适宜某类种子发芽，一些适宜另一类种子发芽，种子发芽性状的变异就是适应空间分异的。

农作物在长期种植过程中，经过人工选种过程，大多已经形成了不同品种，一个品种内其种子的遗传性质比较一致，胀停期变异比较小，播种后种子发芽出苗相对集中整齐。林木种植历史短，人为选种过程微弱，因此其各种性状变异幅度都非常宽泛，包括胀停期。在自然状态下，林木繁衍首先要确保足够数量的幼苗建成新一代种群，并不在乎种子发芽成苗率低下浪费严重。播种育苗或直播造林可不能这样浪费种子。

播种育苗或直播造林追求田间出苗率最大化，播种后所有种子都立即发芽成苗最理想。发芽迟缓会增加管理成本；如果出苗不集中，那些发芽迟的种子或者最终死掉，或者出苗而长成被压木，结果都失去意义。在人工条件下，人们会选择适宜的环境和时机播种，不用种子自己探测环境是否适宜，不需要种子具备发芽准备特性。

发芽准备特性难以消除，但可以设法让种子预先完成发芽准备，就像搭箭拉弓一样，使全部有活力的种子都达到一触即发的状态，以保证种胚同时萌动。其中的关键是控制环境条件，使种子只进行发芽准备过程而种胚不萌动，即使那些已经完成发芽准备的种子也只能待萌，等待其余种子完成发芽准备。种子引发技术就可以实现这一设想。

种子引发技术是在种子活力和种子锻炼研究过程中提出的。早期研究发现，许多播前预处理措施都能提高种子活力，包括种子湿干交替锻炼、低温湿育、渗透处理、液体播种等。李盈（2014）总结上述成果后认为，聚乙二醇（PEG）渗透调节对种子萌发和幼苗生长的促进效果较好。其原理是，PEG溶液造成一定渗透压，浸于其中的种子吸水缓和，细胞内的生理生化反应受到"引发"和"强化"，从而加速发芽准备，进入萌发状态。可以试验确定最适渗透压，使种子最大限度地水合又能避免胚萌动。人们称这种播前预处理措施为种子引发，又称渗透调节（渗调）、生理调节。

种子活力是指在广泛的田间条件下，决定种子迅速整齐出苗以及幼苗正常生长的潜力。种子活力取决于基因，受环境影响，它决定着种子在土壤中产生幼苗的能力，以及种子萌发过程中适应环境因子范围的水平。种子活力不同于生命力，后者是指生命的有无，与寿命关系密切。失去活力指种子在适宜条件下也不能发芽的状态，意味着其微弱的生命活动不足以支持其发芽；而失去生命力则指种子没有了生命活动，陷入死亡状态。种子活力也不同于发芽力，后者是指在实验室条件下的发芽率。随着贮藏时间的推移，种子会逐渐衰老，活力下降，直至完全丧失活力。种子衰老，活力下降，表现为对不良贮藏条件忍受力下降、对不良发芽条件敏感并且适应力减弱、发芽迟缓、发芽率降低、幼苗生长缓慢，以及畸形苗增多等。

与发芽率相似，种子活力是说明群体情况的，不是个体性状，可以说某批种子活力比另一批高，但不能说某粒种子活力比另一粒高，可以比较两批种子的活力，但不能比较两粒种子的活力。所以，对于活力不能称变异。对于单粒种子可以定义一个与活力相对应的概念，称为种子活性，用来综合说明种子的潜在发芽性状。种子活性是一个综合性状，存在变异，胀停期变异就是其组成部分。傅家瑞（1980）提出种子劣变概念，指种子质量、性质、生命力从高水平下降至低水平的过程。可以认为，种子劣变与种子活性互为相反，劣变就是种子活性下降的过程。新鲜种子活性最高，之后开始劣变，直至丧失发芽能力，但劣变到临界点，虽然丧失发芽能力，但种子仍有活性，可以人工恢复发芽能力，但劣变到极点，种子就丧失活性。

综合多方面的研究，种子引发效果包括：（1）发芽出苗迅速整齐；（2）发芽出苗过程抗逆性增强，逆境包括低温、高温、盐渍、干旱等；（3）克服远红光对萌发的抑制作用；（4）减少种子萌发的热休眠效应；（5）幼苗生长健壮；（6）幼苗抗猝倒病能力增强。对照种子活力下降的各种表现，可见引发效应就是全面提高种子活力。

在引发过程中，种子内部发生了形态和生理生化变化：

1.形态方面，胚周限制组织弱化，细胞弹性增加，有利于胚生长。

2.修复重组膜体系，完善膜体系结构和功能。膜体系包括细胞膜和细胞器膜，是许多生理生化活动的场所。种子成熟和干燥脱水过程中，膜体系发生皱缩损伤，分子构型发生相变，随着种子老化程度的加深，膜体系损伤加重。引发过程促进膜体系修复完善，其一是膜的物理修复，避免细胞内溶质大量外渗，保持细胞水势，减少病菌感染；其二是与膜相关生理生化过程的激活、强化与组合，增强种子内在物质的动员、转化、利用及合成能力。

3.水解酶活化，降解种子内蛋白质、脂肪和淀粉等贮存物质变为可溶性成分。可溶性成分积累一方面降低种子渗透势，有利于吸胀；另一方面还是种胚生长的物质基础，提高幼苗抗逆性。这些可溶性成分可以在回干过程中保留下来，使得种子再次吸胀时，一开始就有较低的渗透势，吸水更迅速，同时还节省了贮存物质降解时间，从而促进萌发。

萌发种子内，酶有两个来源，其一是从贮存形式中释放和活化，如β-淀粉酶和磷酸化酶等；其二是在核酸指导下重新合成，如α-淀粉酶、异柠檬酸酶、蛋白酶、脂酶等。

4.有氧呼吸酶和合成酶活性提高，这些酶的活化实质是再造适宜有氧呼吸和物质合成的微观环境，以分别满足旺盛的发芽过程对能量和代谢物的需求。这一微观环境可以在回干时固定下来，从而减少了播种后启动这些过程所需的时间。

5.种子内源激素水平变化，促进萌发的生长素、赤霉素、乙烯、细胞激动素等含量增加，抑制胚生长的脱落酸含量减少。

6.滤出或降解萌发抑制物，如阿魏酸、水杨酸等酚酸类抑制物质。还可以消除老化过程中积聚的毒性代谢物质，如盐类、氨、氰化物、芥子油、有机酸、不饱和内酯、醛类、生物碱、酚类、香豆素酸、肉桂酸等多酚类酸。

7.促进RNA、DNA和蛋白质合成以及三磷酸腺苷（ATP）的利用，促进细胞周期变化。例如番茄种子在引发过程中胚根尖端部位处于分裂间期的细胞增加，这一过程离不开DNA复制。

8.减少染色体畸变频率，修复染色体损伤。

9.诱导与抗逆有关基因的表达。例如油菜引发种子在含盐或低温下的发芽率明显高于对照，与引发期间水通道蛋白基因表达有关。

种子引发方法主要有以下4种：

1.液体引发。将种子置于盛有引发溶液的容器内，容器置于10～30℃恒温下一定时间，蒸馏水漂洗种子，然后通风干燥，回干种子用于播种或贮藏。

常用引发剂是聚乙二醇（PEG），无毒，黏度大，溶液通气性差，不能进入细胞内。聚乙烯醇（PVA）、交联型聚丙烯酸钠（SPP）效果也很好。丙三醇、甜菜碱、甘露醇、壳聚糖、脯氨酸、山梨糖醇等有机溶质也常被用作引发剂。试验使用过的引发剂还包括许多无机盐，如 $NaCl$、KNO_3、NH_4NO_3、KH_2PO_4、K_3PO_4、KCl、Na_2HPO_4、$Al(NO_3)_3$、$Co(NO_3)_2$、$MgSO_4$、$Ca(NO_3)_2$、$NaNO_3$，或混合采用几种药剂，如 $CaCl_2 + NaCl$、$KNO_3 + K_2HPO_4$、$KNO_3 + K_3PO_4$、$PEG + 6 - BA$、$KH_2PO_4 + (NH_4)_2HPO_4$、$PEG + NaCl$、$PEG + 蔗糖$、$PEG + 盐 + 糖$等。

2. 固体基质引发。将种子混入一定含水量的固体基质中进行引发。

常用固体基质有片状蛭石、珍珠岩、页岩、硅藻土、多孔性黏土、软烟煤、聚丙酸钠胶、合成硅酸钙、细粒状废料等。固体基质引发除用纯净水外，还可以使用 PEG 溶液和无机盐溶液。种子与固体基质的比例通常为 $1:1.5 \sim 1:3$，加水量常为固体基质干质量的 $60\% \sim 95\%$。

理想的固体基质应具备下列条件：

（1）具有较高的持水能力；

（2）对种子无毒害作用；

（3）化学性质稳定；

（4）水溶性低；

（5）表面积和体积大，容重小；

（6）颗粒大小、结构和空隙度可变；

（7）引发后易与种子分离等。

3. 水汽引发。最早由英国 WellesBourne 的国际园艺组织建立。将种子放置在铝质滚筒内，然后喷入水汽，滚筒水平转动。每一批种子的吸水量和吸水速率采用计算机系统控制。其引发过程包括 4 个阶段：

（1）校准确定种子的吸水量；

（2）吸湿 $1 \sim 2$ d；

（3）吸湿种子在滚筒内放置培养 $1 \sim 2$ 周；

（4）干燥。有些文献称之为湿平衡法。

4. 浸泡（吸湿）—回干法。将种子置于高湿度空气中吸湿，或置于水中浸泡 $1 \sim 2$ d，然后风干，甚至如此重复多次。这类方法多称为锻炼处理，其用来避免种胚萌动的因素是种子水合时间，即短时间内种胚来不及萌动。

此外，据文献（赵雨云等，2006）介绍，对种子进行热击处理、电和磁场处理、射线处理、超声波处理、激光处理等，都有提高种子活力的效果，其机制尚不明了，电磁场可能通过种子内积累的带电性自由基来起作用。这些方法一般不称为引发，但就其提高种子活力的特征来看，应该也属于种子引发范畴。

溶质引起的水势下降称为溶质势。生物细胞内部有各种各样的溶质，水势低，能够从高水势环境中吸收水分，直观上看是水从环境中渗透进组织细胞中，因此溶质势又称渗透势。细胞膜是半透膜，对物质通透性分为4种情况：脂溶性物质比非脂溶性物质更容易通过；水分子能够自由通过；葡萄糖、氨基酸、尿素、氯离子等可以透过；蛋白质、钠、钾等不易透过。因此，细胞能调整并维持其内部溶质浓度，进而调整并维持胞内水势，以便从环境中吸收水分保证生理生化过程的正常进行。

干燥种子的水势非常低，有的低过$-10000 \mathrm{kPa}$，因此能够从湿润土壤，甚至潮湿空气中吸水膨胀。随着水分进入，组织细胞内溶质浓度降低，水势升高。由于半透性的细胞膜不允许溶质自由渗出细胞外，细胞内溶质浓度永远不可能降低为0，水势也就不可能升高到0。由此推测，在超量的纯水中种子会无限吸水，直到胀破组织细胞，胀破种皮，其他植物组织器官也应如此。但事实绝非如此，否则植物的生命就不存在了。原来，细胞膜和细胞壁都有一定韧性和弹性，尤其细胞壁的韧性和弹性更大。当膨胀的细胞质自内向外撑开细胞壁时，根据作用力反作用力原理，细胞壁同样对细胞质施加一个自外向内的压力，从四面八方把细胞质束缚在一起。细胞壁对细胞质的这种压强称为壁压，或膨胀压。壁压是正值，随着细胞吸胀而增大。干燥种子中的细胞质含水很少，体积小于细胞壁的容积，细胞质与细胞壁处于分离状态，细胞质对细胞壁不产生压力，壁压为0。细胞质吸水膨胀到与细胞壁接触时，细胞壁被细胞质撑胀，随之在弹性作用下对细胞质产生壁压，并随着吸胀过程而越来越大。与之同时，细胞内溶质势则从更低的负值向零值升高。壁压是把水分从细胞内向外挤出的力量，阻止细胞吸水。因此，细胞总水势=溶质势+壁压。随着吸胀进程的持续，溶质势的负值越来越小，即其绝对值缩小；壁压的正值越来越大，即其绝对值增大。此消彼长，当两者的绝对值相等，细胞总水势为0，这时即使处在标准条件下的纯水中也不能继续吸胀。因为胞内胞外水势相等，水势差为0，水分进出细胞达到平衡状态。有活力的种子在纯水中吸胀饱和达到吸水高峰，就进入胀停期，内部各种生理生化过程陆续加速或启动。其中最基础的是有氧呼吸和水解过程，前者供应能量，后者则把贮存的淀粉、蛋白质、脂质等水解为可溶性小分子，运输到种胚细胞中，逐渐增强种胚细胞质浓度。当种胚细胞质浓度升高到一定程度时，由于溶质势下降而再次吸胀，这时其细胞壁已经接近弹性极限，因而吸胀程度微弱，但壁压值迅速升高。当壁压升高到一个临界值时，细胞壁就处于被胀破的临界状态。活细胞不可能任凭其壁破裂。这时它已经做好了准备，开始细胞分裂过程，一分为二而化害为利。种胚细胞分裂标志着种胚生长的开始，即种子进入萌发状态。由上述分析可见，在纯水或接近纯水水势的环境中，有活力的种子其种胚细胞最终将吸胀达到临界壁压值，从而开始萌发。反之，如果种胚细胞吸胀达不到临界壁压值，种胚就无法生长，种子就不能萌发。种胚的这种生长过程就像吹气球一样，它利用溶质从环境里吸水，把自己吹胀到将近长裂的状态，内部恰好完成了分裂准备，顺利一分为二，实现生长目的。有的种子没有力气吹胀自身细胞，无法分裂，因此失去发芽能力。

种子总水势最终都将与环境水势相等。可以推论，存在一个临界值，当环境水势低于该临界值时，种子的种胚细胞将无法达到分裂所需的临界壁压值而无法生长。但在一定程度内，种子能吸收到足够的水分，使各种生理生化过程得以进行，甚至细胞分裂所必需的 DNA 合成过程都能照行不误。所有这些生理生化过程都是萌发前的准备过程，并能最终完成。这就是渗透引发技术的水势理论基础。

利用上述理论可以深入理解膜系统损伤的危害性。损伤破坏了膜系统的半透性，溶质渗出，细胞内溶质势升高，不能充分吸水而无法维持膨胀状态，如同漏气的气球一样，无法有效增加壁压达到种子生长临界壁压值，细胞因而不能正常分裂。活力低的种子之所以发芽迟缓，多畸形苗，原因就在于其种胚中许多细胞因膜系统损伤严重不能正常分裂所致。

组织细胞从环境中吸收水分的速度决定于两者的水势差，水势差越大，吸水速度越快，水势差越小，吸水速度越慢。吸水速度与水势差不是简单的比例关系，而是呈指数关系。也就是说，水势差增减一倍，吸水速度增减一般小于一倍，当水势差很小时，吸水速度会变得更慢。所以当土壤干燥，即基质水势较低时，种子发芽延迟。渗透引发中之所以能确保干燥种子不会因为吸水速度太快损伤细胞膜，原因也在这里，其环境水势较低，种子吸水速度比相对和缓。

温度的本质是分子的热运动，分子热运动速度快，温度就高，反之温度低。所以种子吸水速度还与温度有关，环境温度越高，吸水越快；环境温度越低，吸水速度越慢。另一方面，酶活性也与温度有关，一般随着环境温度的升高，酶活性增强。但温度太高，酶蛋白就会变性失去活性。因此，种子发芽都存在最适温度。在最适温度之下，种子发芽速度随温度降低而变慢。

因此，渗透引发的关键技术参数是渗透剂种类、渗透液水势和温度，这3个参数构成渗透引发最佳条件，决定引发所需时间。试验表明，不同品种的种子、甚至同一品种不同批次的种子所要求的引发条件各不相同，最佳条件的选择非常复杂并且没有规律可循。所以，到目前为止，种子引发大多处于实验室阶段，远未达到实用水平。由于生物性状变异的广泛性，种子生长临界壁压同样存在大幅度变异，因此，如果引发水势较高，可能一部分种子被有效引发，其余部分种子则可能顺利萌动；如果引发水势太低，则可能仅对一部分种子有效，对其余种子失效。例如，有人试验，在不同土壤水势下，一种豆科植物种子实际出苗种子占可萌发种子的比例：-900 kPa时约10%，-600 kPa时约25%，-300 kPa时约80%。如果引发水势采用-600 kPa，那么将有约25%的种子不能被限制在待萌状态；如果采用-1000 kPa，那些发芽水势要求较高的种子则可能未被有效引发。这里仅仅采用水势理论对渗透引发最佳条件的复杂性做一解释，目的是加深理解。由于种子引发涉及极其复杂的生理生化过程和种子形态变化，单靠水势理论难以完全阐明引发机制，而且水势理论作为一种假说，尚缺乏严格的试验证据。

种子引发源自种子湿干交替锻炼、低温湿育、渗透处理等研究。细想起来，这些处理措施其实从不同角度模仿了自然过程。在自然条件下，由于降雨的影响，植物种子会不断处于湿干交替变化之中；春季土壤刚刚解冻，许多植物种子就会发芽出苗，其实就是自然的低温湿育过程；春季土壤解冻后，有些种子所处的土壤含水量低，种子不能充分吸胀，相当于经历一个自然渗透引发过程，等到第一场降雨后便及时发芽出苗。生产上广泛采用的低温层积处理，同样是在模仿自然，因为在冬季湿润土壤中的种子总要经历低温过程，只是低温层积主要用来解除种子休眠。由此看来，低温层积未尝不可改造为种子引发技术。种子发芽三要素，水、温度和氧气。种子的生理生化过程离不开呼吸作用提供能量，呼吸作用必需氧气，所以无法通过控制氧气的途径限制种胚萌动。渗透引发是通过控制水分来限制种胚萌动的，按照这一思路，控制环境温度也能实现限制种胚萌动的目标。相对于渗透引发水势来说，温度更容易精细控制。据资料介绍（李磊等，2010），任何种子萌发都要求环境温度高于0.5 ℃，因此，如果在略低于0 ℃的温度下采用固体基质引发，可以限制所有种子萌发，有可能克服种子性状变异幅度大造成的渗透引发效果不一致的弊端。另据资料介绍（陈玉珍，2012），-2～0 ℃为生物非致死温度，由于生物细胞内含有溶质，在这一温度下细胞质不会结冰伤害其生命过程，其中许多生理生化过程仍然可以进行，虽然速度比较慢。低温层积就证明了这一点，低温层积离不开相应的生理生化过程。

种子休眠指成熟种子不能在指定时间内发芽的现象。在种子成熟过程中被赋予的休眠称为初生休眠，导致种子在适宜条件下不发芽；由不良环境条件引发的休眠称为次生休眠，又叫强迫休眠。两者区别在于，前者是由于种子本身的原因造成的，后者是由环境原因造成的。初生休眠终止后，如果环境不能满足种子萌发条件，种子就进入次生休眠状态。随着季节变化，次生休眠可能被终止，还可能被再次启动，直到环境条件能满足种子萌发。种子引发回干利用的就是植物种子次生休眠特性。一般情况下，种子休眠均指初生休眠。

对于一些生理休眠种子来说，其解休眠过程也应该属于引发过程，因为其解休眠同样是通过一系列生理生化过程完成的，而且要先于其他发芽准备过程完成。由此提出低温层积种子引发技术设想：蛭石加一定量水控制其水势在一定范围，作为引发基质，将种子净化后按2份基质，1份种子的比例均匀混入基质，置于−2～0 ℃的人工气候箱内处理，到一定时间取出分选出种子回干，然后通过发芽试验测定种子活力，以不引发种子为对照。其中需要注意的是，引发基质中吸胀的种子呼吸作用增强，引起基质升温，导致种子萌动。所以要严格测定基质中间的温度，确保温度不超过0 ℃。发芽试验按《中华人民共和国国家标准GB 2772—1999林木种子检验规程》进行。

小粒种子混入蛭石中不易拣出，可以单层铺于纱布上，置于引发基质上，加盖一层纱布后，再覆基质，可以多层。

试验需要确定的参数：基质含水量、引发处理时间。

第三节 育苗试验

一、生境条件

首先对原产地的地理位置与地貌、土壤、气候等条件进行了网上查询，然后确定了引种地。育苗试验地位于甘肃省天水麦积区三阳苗圃，地理坐标105°53′E、34°33′N，海拔1084.2 m，该地区年平均气温11.1 ℃，极端高温37.2 ℃，极端低温−17.6 ℃，年相对湿度69%，年降水量496.5 mm，年蒸发量1297.5 mm，全年日照时数2032.5 h，土壤为黄绵土，因长期耕作，肥力良好，并具备良好的灌溉条件。

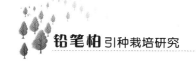

二、确定种源

通过考察调研，确定了9个重点种源，产地分别是美国南达科他州（SD）、路易斯安那州（LA）、新英格兰（NE）、得克萨斯州（TX）、蒙大拿州（MO）、密苏里州（MI）等。同时请北京林业大学有关专家协助，2001年引进TX种源种子20 kg；2002年引进LA种源种子9 kg、NE种源种子50 kg、MO种源种子30 kg、SD种源种子40 kg、MI种源种子5 kg；2004年引进欧洲种源种子35 kg。

三、种子检验

种子引进后，立即进行了千粒重、净度和生活力等指标的测定，详见表2-1。

表2-1 不同种源种子质量测定

指标 \ 种源	TX	LA	NE	MO	SD	MI
千粒重(g)	9.14	5.22	9.28	8.46	9.99	5.16
净度(%)	98.11	90	98	98	99	86
发芽力(%)	98	71	99	91	99	50

四、种子催芽处理

铅笔柏育苗的关键是种子处理。铅笔柏种子具有不透水的种皮和休眠的胚，要保证种子出苗，必须解决种皮不吸水和胚休眠的问题。根据有关试验，播种前种子需要低温潮湿条件层积贮藏完成其后熟，方能促使其正常发芽。为此，研究小组制定了铅笔柏种子播前处理方案如下：

1. 柠檬酸溶液浸种：先用清水浸泡种子3 d，然后用1%柠檬酸溶液浸种4 d，每天搅拌1～2次，最后混沙（种子、沙比例1：10）在低温（恒温箱，3℃）条件下催芽90 d；

2. 潮湿低温层积：清水浸泡3 d后，将种子与湿沙按1：3比例混藏于3℃的低温条件下催芽90 d；

3. 变温处理：先用1%柠檬酸浸种3 d，再用冷（3℃）热（18℃）条件各7 d交替处理3次，共49 d；

4. 赤霉素低温层积：用 500 mg/L 赤霉素溶液浸种 3 d 后，在潮湿低温条件下混沙（种子、沙比例 1∶10）层积 90 d。

结果表明，上述 4 种处理方法以赤霉素浸种后，低温层积效果最好，发芽率达到 76.1%；其次是低温层积处理，而效果最差的是柠檬酸溶液浸种。各种方法催芽效果见表 2-2。

表2-2　不同催芽方法效果比较

处理方法	种子数量（粒）	处理时间(d)	发芽率(%)
柠檬酸溶液浸种	100	90	14.3
潮湿低温层积	100	90	50.7
变温处理	100	49	25.4
赤霉素加低温层积	100	90	76.1

备注：所用种子均为 TX 种源。

用相同方法（赤霉素浸种后低温层积）处理的不同种源种子，出苗率也存在显著差异。试验结果见表 2-3。

表2-3 不同种源催芽效果比较

种源	种子数量（粒）	处理时间(d)	出苗率(%)
SD	100	90	70.2
NE	100	90	64.8
MO	100	90	62.9
LA	100	90	35.7

经过观察，SD 种源种子出苗率最高，达 70.2%，LA 种源种子出苗率最差，仅为 35.7%。

为了比较赤霉素浓度对催芽的影响，进一步进行浸种试验，结果显示，400 mg/L 和 100 mg/L 赤霉素浸泡处理发芽率相近，差异不明显，两者均明显高于 50 mg/L 赤霉素处理和对照；50 mg/L 赤霉素处理发芽率高于对照，差异也比较明显。播种后出苗率各处理之间差异不太明显，以 100 mg/L 和 50 mg/L 赤霉素浸泡处理为优。各处理均发生死苗现象，平均达 10.34%，以 400 mg/L 和 100 mg/L 赤霉素浸泡处理较高。

试验结果表明，赤霉素浸种有助于打破铅笔柏种子的生理深休眠，促进发芽和出苗，浓度以 100 mg/L 为好。试验结果还说明，铅笔柏种子发芽后不一定能播种出苗，出苗后也不一定能成活（表2-4）。

表2-4 不同浓度催芽试验结果统计（%）

400 mg/L			100 mg/L			50 mg/L			对照		
发芽	出苗	死苗	发芽	出苗	死苗	发芽	出苗	死苗	发芽	出苗	死苗
70.75	33.65	14.28	74.23	41.32	12.00	56.38	37.50	7.93	43.00	32.56	7.14

五、容器育苗

1. 试验材料的准备

在天水三阳苗圃做高床，高 30 cm，宽 1.0 m，长 25 m。每床准备农田耕作土 5 m³，蛭石、珍珠岩 4 m³，洗净河沙 2 m³，农家肥 2 t，磷肥 0.5 t，美国二铵 0.1 t 等，主要用于配置容器育苗营养土。营养袋是用普通聚乙烯塑料薄膜制作，为直筒无底袋，高 18 cm、直径 6 cm。

将耕作土（过筛、去草根）、细沙、蛭石（或珍珠岩）按 5:3:2 的比例混合后，用 1% 硫酸亚铁溶液+0.5% 高锰酸钾溶液消毒，作为营养土基质。再添加 5% 的农家肥，0.8% 的过磷酸钙，0.15% 的美国二铵，充分混拌后，洒水使土壤潮湿，手握不滴水，松手不散即可进行装袋，然后整齐摆放在高床上。

2001 年做 1 床进行 TX 种源育苗，2002 年做 6 床分别培育 TX、SD、NE、MO、LA、MI 种源，2003 年做 12 床培育后 4 种苗木，2004 年做 4 床培育欧洲种源。

2. 播种时间及方法

将种子在 1 月份进行沙藏处理，4 月中下旬大部分种子均已露白，此时播种可以使种子出苗整齐，生长快，木质化早，越冬能力强。

播种时，每袋播 2~3 粒种子，然后覆土，覆土厚度 3~5 mm。种子覆土后用细眼喷壶浇水保湿，同时加盖塑料薄膜保温保湿，有利于种子发芽。

2001 年至 2008 年在天水市麦积区三阳苗圃开展容器育苗，7 个种源总计育苗 45.5 万株。

2001 年，由于种子到兰州已是 4 月中旬，沙藏处理已来不及，只好将一部分种子用冷热变温（−8 ℃与 25 ℃各 10 d，交替 3 次）处理，7 月 5 日用容器袋播种（搭遮阴网），当年兰州、天水两地均未出苗，12月底将部分容器袋移入日光温室。2002年2月8日后陆续出苗，经6月30日调查，出苗率达55.4%，8月份平均苗高8.9 cm，最高15.1 cm，10月份平均苗高10.2 cm，平均地径0.25 cm。留置在露地的容器袋在4月15日开始出苗，6月30日调查出苗率为35.5%，10月20日调查平均苗高7.8 cm，最高18.4 cm，平均地径0.19 cm。

2002年4月，在天水三阳苗圃采用前述营养土配方，将经过处理的LA、NE、MO、SD、MI 5个种源种子播于容器袋内，进行露地育苗。播种后10 d开始出苗。为防止幼苗日灼，苗床上搭遮阴网。5月下旬调查，SD种源种子出苗率最好，达到55.7%；MO、NE、LA 3个种源种子出苗率分别为40.3%、41.6%、20.1%；而MI种源种子未出苗。

经过2002年的观测，SD、MO、NE、TX、LA等5个种源1年生平均苗高分别为12.1 cm、11.9 cm、12.0 cm、11.6 cm、12.4 cm，高生长量差异不明显。

2008—2009年，再度进行类似试验，从两年的观察结果看，播种后两周开始出苗，出苗期30～35 d。出苗期结束后，对出苗情况进行了调查，结果见表2-5。

表2-5　各种源播种出苗率统计表

种源		蒙大拿(%)	马萨诸塞(%)	南达科他(%)	内布拉斯加(%)	平均(%)
出苗率	2008年	64.0	66.3	78.5	58.6	66.85
	2009年		93.5		96.9	95.2
	平均					81.03

从调查结果来看，2008年出苗率最高的南达科他种源仅为78.5%，平均出苗率66.85%，未达到计划指标（80%）要求。后经试验分析，各种源整体出苗率较低的原因有二，一是这批种子活力偏低。育苗前，用靛蓝法测试各种源种子活力，见表2-6。可以看出，各种源种子活力在64.6%～73.6%之间，平均活力为69.13%，低于以往批次的最低值（70%）。二是根据以前的试验结果，本次选择了400 mg/L浓度的赤霉素溶液处理种子。但以本批种子为试材的试验结果表明，最佳浓度为100 mg/L。说明不同批次的种子具体情况不同，应区别对待。2009年，用相同浓度的赤霉素溶液处理马萨诸塞、内布拉斯加两个种源的种子，因本批次种子活力较高，出苗率明显高于上一年。由此可以看出种子活力对出苗率的影响。

表2-6 各种源种子活力测试结果

种源		蒙大拿(%)	马萨诸塞(%)	南达科他(%)	内布拉斯加(%)	平均
不同批次的种子活力	2008年	70.0	64.6	73.6	68.3	69.13
	2009年		75.1		71.6	73.35

2008年和2009年的10月份，分别对苗木高生长情况进行了调查，结果见表2-7。从调查结果来看，当年苗高生长量各种源平均为7.3 cm，最高的南达科他种源为7.8 cm，各种源之间没有明显的差异。第二年苗高生长量各种源平均为30.2 cm，最高的内布拉斯加种源为37.9 cm，最低的马萨诸塞种源为21.6 cm，种源之间表现出一定的差异性。从初步结果看，蒙大拿、内布拉斯加两个种源苗期较有优势。

表2-7 苗高生长量调查结果

种源		蒙大拿(cm)	马萨诸塞(cm)	南达科他(cm)	内布拉斯加(cm)	平均(cm)
苗高	2008年	7.2	6.9	7.8	7.4	7.3
	2009年	37.1	21.6	24.0	37.9	30.2

六、苗期管理

1. 搭建遮阴棚

播种后一般10 d开始出苗，此时当地降水少，气温高，刚出土幼苗容易受日灼伤害，应及时采取遮阴措施，在距苗床1.2 m高的位置搭设遮阴网，既有利于田间管理，又可以避免幼苗发生日灼伤。

2. 浇水

铅笔柏苗期的水分管理，要根据生长季和气候变化来调节。幼苗期，水分消耗比较少，但抗旱能力差，浇水要少量多次；随着苗木生长，气温升高后，浇水量适当加大，浇透水后可以减少浇水次数。

3. 间苗和补苗

培育的铅笔柏容器苗最终以每袋1株苗为宜，多的苗及时进行间苗，为了保证容器袋全苗，可以利用间苗进行补苗。间苗、补苗最好在阴雨天的早晨或傍晚进行，间苗时先用小竹棍轻轻挑动营养土，将需间出的幼苗拔出，置于配有生根粉溶液的碗盆中，将间苗后的容器袋营养土用手指压实。然后用细竹棍在无苗容器袋中

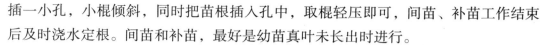

插一小孔，小棍倾斜，同时把苗根插入孔中，取棍轻压即可，间苗、补苗工作结束后及时浇水定根。间苗和补苗，最好是幼苗真叶未长出时进行。

4.病虫防治

为防治幼苗立枯病，播种当年4～5月间，每隔10 d喷施一次灭菌药（1%硫酸亚铁溶液、百菌清或甲基托布津），同时采取降低湿度（白天揭棚通风并控制浇水量）、增强营养（叶面喷施磷酸二氢钾3次、追施复合肥1次）等措施，有效地控制了立枯病的危害。

第四节　物候观测及不同种源的抗寒性研究

从2002年起，我们对各个种源在播种育苗时开始做物候观测记录，到每年秋末苗木停止生长时结束。连续3年不间断观测，作为铅笔柏种源优选的原始材料评选依据。

一、观测方法

在各个种源苗的4个区组中，挂牌标定出10株生长正常的苗木做观测样本。当观测样本中有1株进入某个物候期时为始期，当观测样本中有5株进入某个物候期时为盛期，当观测样本中有9株进入某个物候期时为末期。一般每3 d一次，当观测样本的某个物候期即将开始或快要结束时，必须每天观测一次。观测样本的同时还要经常目测整个种源的情况，发现不一致时要及时更换样本。

二、观测指标

包括出苗期（播种当年）：幼苗顶出土面为该期出现的特色；

真叶出现期（播种当年）：子叶伸展后真叶出现；

芽萌动期：芽膨大，芽鞘伸长，芽鳞分开，透过薄膜可以看到绿色；

展叶期：芽鳞脱落，新叶展开；

新梢生长期：展叶后，胚芽继续生长，新梢伸长1 cm开始，直至顶芽形成；

夏季封顶期：顶芽形成，胚芽停止生长；

二次生长期：在生长期内，胚芽停止生长后又开始继续生长；

秋季封顶期：生长终止，越冬顶芽形成；

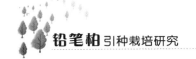

木质化期：针叶明显蜡质化，变硬；

三、铅笔柏各个种源间的物候期的差异

在天水三阳苗圃进行物候观测，得到大量铅笔柏各个种源物候期的资料。通过对这些原始数据的整理分析（表2-8），5个种源在播种当年没有明显差异，在2年苗龄时，LA种源与其他4个种源是有一定差异的，尤其是芽萌动期和秋季封顶期，LA种源萌动期最早，秋季封顶期最迟，生长期最长达到198 d，比其他种源生长期长17 d。

表2-8　铅笔柏种源物候期观测记录

种源	芽萌动 （月-日）	展叶 （月-日）	新梢生长 （月-日）	夏季封顶 （月-日）	二次生长 （月-日）	秋季封顶 （月-日）	生长期 （d）
TX	04-17—04-22	04-20—04-27	04-25—05-02	07-07—07-11	08-13—08-16	09-29—10-06	158～172
SD	04-19—04-29	04-25—05-02	04-30—05-06	07-25—08-01	08-23—08-29	10-01—10-07	155～171
MO	04-16—04-24	04-21—04-29	05-03—05-09	07-22—07-29	08-23—09-01	10-02—10-08	161～176
LA	04-10—04-15	04-17—04-26	04-23—05-01	07-18—07-24	08-19—08-25	10-11—10-15	178～189
NE	04-13—04-19	04-21—05-02	04-28—05-06	07-12—07-19	08-15—08-24	09-25—10-03	159～173

2003年3月，将2001年在天水三阳苗圃进行容器育苗的LA、SD、MO、NE 4个种源2年生苗木移到靖远试验基地进行常规性苗期管护，冬季露地越冬，无保护措施。

2004年3月，调查各种源在露地的越冬情况。田间调查采用重复抽样的方法，各种源均为3次重复，每个重复抽取30株，计算各种源冻害指数。经过一个冬季后，铅笔柏4个种源均有不同程度受冻，以LA种源受冻最为严重，冻害指数达到87.5，地上部分全部受冻（Ⅳ级）植株达到调查株数的61%，证明其不适合在当地引种栽培；其次为MO种源，其受冻指数为60，在露地不能越冬；NE种源受冻较轻，冻害程度不太严重；受冻最轻的为SD种源，冻害指数仅为13.9，仅有0.67%的植株的主干顶芽发黄干枯，侧枝顶芽发黄（Ⅱ级），78%的植株能安全越冬，4个铅笔柏种源的抗寒性依次为SD种源>NE种源>MO种源>LA种源。在甘肃靖远，所引进的4个铅笔柏种源2年生苗木均不能安全越冬，特别是LA种源受冻最严重，冻害指数达到87.5，在当地不能引种栽培；MO种源冻害也比较重，不能在露地越冬；其他2个种源越冬需采取一定的保护措施。

第五节　铅笔柏苗期生长量的调查

生长量是评价不同种源适应性的重要指标，为了初步评价所引进铅笔柏不同种源在甘肃省的适应性，研究分别在2002年、2003年、2004年对引进的5个铅笔柏进行了生长量调查。

一、材料与方法

1. 调查材料

调查在天水三阳苗圃进行，以所引进的5个铅笔柏种源的实生苗为材料，育苗方式为容器育苗，种源分别为LA、SD、NE、MO、TX。

2. 调查方法

分别在2002年（一年生实生苗）、2003年（两年生实生苗）、2004年（三年生实生苗）冬季休眠期（11月）对引进的5个铅笔柏种源进行苗木高度（cm）、地径（cm）的统计。试验以每80株苗木为1小区，随机排列，重复3次，共15个小区，每小区随机抽取30株实生苗进行统计。

二、调查结果与分析

调查结果表明（表2-9），5个不同种源的铅笔柏实生苗在甘肃省武都县的生长量有较大差异，且差异程度随苗龄的增加而增大。一年生苗中，LA的高度和MO、TX差异显著，与SD、NE之间差异不显著，而SD、NE、MO和TX之间差异也不显著，地径的差异与苗木高度有相同的结果；两年生苗之间，LA的苗木高度明显高与其他种源，其差异达到显著水平，SD和MO、TX之间差异也达到显著水平，但与NE之间差异不显著。另外，LA和SD、NE的地径差异不显著，但与MO、TX之间差异显著；在三年生苗之间，LA和其他种源之间的高度差异显著，SD、NE、MO之间差异不显著，但与TX差异显著，而在地径方面，LA与TX差异显著，但与其他种源之间差异不显著。

表2-9　铅笔柏不同种源生长量调查表

种源	2002(1年生苗)		2003(2年生苗)		2004(3年生苗)	
	高度(cm)	地径(cm)	高度(cm)	地径(cm)	高度(cm)	地径(cm)
LA	12.4a	0.15a	34.87a	0.64a	92.87a	1.43a
SD	12.1ab	0.13ab	27.97b	0.58ab	80.60b	1.41ab
NE	12.0ab	0.14ab	25.03bc	0.56ab	83.57b	1.41ab
MO	11.9b	0.11b	22.97c	0.52b	84.73b	1.37ab
TX	11.6b	0.11b	23.33c	0.53b	61.70c	1.33b

注：表中小写字母代表在 $P=0.05$ 水平下的差异显著性。

三、结论

1. 结果表明，引进的5个铅笔柏种源之间在苗期的生长量上存在着差异，而且随着苗龄的增加，差异程度增大。

2. 在引进的5个铅笔柏种源中，LA 的生长量显著大于其他的种源，可能有较大的利用价值。

3. 由于时间限制，调查仅限于3年生以内的实生苗，因此有必要对铅笔柏的生长量做进一步的调查和统计，才能做更准确的评价。

第六节　铅笔柏组织培养与扦插试验

植物组织培养是在20世纪发展起来的。从开始的科学预言，到初步的成功，以至随后大量的试验研究成果，技术的逐步完善，为新兴学科的问世奠定了基础。植物组织培养（Plant Tissue Culture）是指在无菌条件下，将离体的植物器官（根、茎、叶、花、果实、种子等）、组织（如形成层、花药组织、胚乳等）、细胞（体细胞和生殖细胞）以及原生质体，培养在人工配制的培养基上，给予适当的培养条件，使其长成完整的植株。根据外植体的来源不同和培养对象的不同，又可分为植株培养（Plant Culture）、胚培养（Embryo Culture）、器官培养（Organ Culture）、组织或愈伤组织培养（Tissue or Callus Culture）和原生质培养（悬浮培养）（Suspension Culture）等。由于培养的是脱离植物母体的培养物，且在试管内培养，因此也称离体培养（Culture in Vitro）或试管培养（in Test-tube Culture）。

此外，根据培养的过程，将从植物体上分离下来的第一次培养称为初代培养（Primary Culture），以后培养体转移到新的培养基，都称为继代培养（Subculture）。根据培养的需要，将在加琼脂的培养基中培养称为固体培养，将在不加琼脂的培养基中培养称为液体培养（Liquid Culture）。其他还有花卉培养（护士培养）（Nurse Culture）、微型培养室培养和深层培养等。

自20世纪60年代以来，利用组织培养再生植株的植物种类已达到近1000种，其中木本植物达200多种，并且在不断增加。我国开展这方面的研究，先后分别有杨树、杉木、马尾松、泡桐、桉树、落叶松、火炬松、湿地松、马褂木、柚木、竹子和桑树等树种，从器官、茎尖、成熟胚、花药和愈伤组织诱导成苗。自1983年国家实施"六五"林业科技攻关计划以来，我国的林木组培育苗研究已从实验室走向工厂化大生产，分别在华南和华北地区建立了具有国际先进水平的，年产桉树组培苗250万株、杨树组培苗150万株的全自动育苗工厂自动控制育苗成本。与此同时，一些地方性的林业生物技术产业也有很好的发展，生产的组培苗木被广泛应用于国家林业两大体系的建设和世界银行贷款造林项目的实施，尤其在南方商品林如桉树商品林基地建设中起了十分重要的作用。在林木组织培养技术的基础上发展出的一系列基因转移、DNA直接导入技术成为基因工程的核心技术，组织培养也成为生物技术的重要组成部分。

针叶树类的快繁技术在苗木工厂化生产方面具有巨大的潜力。但从目前已建立的针叶树类组织培养系统来看，除少数几个针叶树种外，多数针叶树在试管内生长缓慢，从芽的分化到移栽短则几个月，长则半年甚至一年多，于是造成针叶树试管苗生产成本过高。鉴于多数针叶树种的轮伐期长达几十年，如果从长远考虑，通过组织培养建立快繁工艺以切实解决针叶树种的优质苗造林问题，即使育苗成本稍高，仍具有现实的生产意义。

一、铅笔柏组培试验

1. 培养基的选择与配制

（1）培养基的选择

植物组织培养的成功与否，除培养材料本身的因素外，第二个因素就是培养基。培养基的种类、成分直接影响到培养材料的生长发育，故应根据培养植物的种类和部位，选择适宜的培养基。在所用的生长调节剂中，一般采用BA、NAA、KT、IBA等，也有极少数情况下不用激素的。本研究选用MS培养基进行试验。

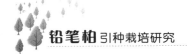

（2）培养基的配制

按常规方法，先将大量元素、微量元素、铁盐、有机成分等分别制成母液，并低温保存在冰箱内，使用时按比例和要求配制。

培养基的配制程序如图2-1。

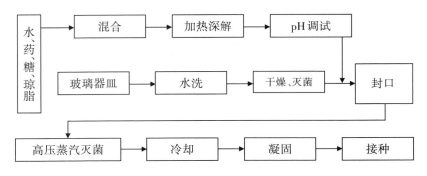

图2-1　培养基配制程序

（3）培养基的灭菌

培养基在制备过程中带有各种杂菌，我们将培养基放入高压灭菌锅内，采用高压灭菌法，一定要将高压灭菌锅内的冷气排尽，使灭菌压力稳定在$1\sim1.2$ kg/cm^2之间，灭菌25 min。灭菌后进行抽样培养$2\sim3$ d，若培养基表面无污染现象，方可使用。

2.培养方法及条件

（1）光照

光照采用人工和自然光照相结合，每天光照$14\sim18$ h，光照强度为$1500\sim2000$ lx。当光照不足时，小苗发黄绿色、生长缓慢。

（2）蔗糖及琼脂浓度对组培苗生长的影响

本研究为节约成本以普通白糖替代蔗糖，试验表明：白糖浓度为3%，琼脂0.6%，以MS培养基做初代培养，琼脂浓度过大，培养基就过硬，影响组培苗的生长。

（3）温湿度

温度对组织培养起着决定性作用。大多数林木组培的适宜温度为25 ℃±2 ℃。本试验研究表明，在温度20 ～28 ℃的范围内，湿度为50%～80%时，组培苗均能正常生长。

（4）培养方法与接种

基本培养基为MS，琼脂6 g/L，糖30 g/L，pH值为5.8～6。接种时每瓶接1个小枝或三粒种子，防止增大污染率。每天观察1次。

3.外植体的获取

（1）外植体选择的原则

选择外植体对于快繁是十分重要的。因为不同外植体对初代培养的反应是不同的，因而快繁的效果也就不同。外植体的选择应掌握以下五项原则：一是母树的选择。母树的树体表型应优越，无病虫害，抗逆性强等；二是外植体的增殖能力。在培养过程中应继续选出增殖能力最强的材料，同时，还需要通过试验筛选出特殊的培养基；三是外植体的大小。不同林木、不同培养目的，对外植体大小的要求有所不同，这要根据具体情况灵活掌握；四是外植体的种类和在母株上的位置。外植体可分为顶芽、腋芽、嫩叶、形成层、根、胚、子叶等，应根据不同的培养目的，选择不同的外植体；五是切取外植体的季节和时间。

（2）外植体部位的选择

本研究所选外植体是从美国南达科他州（SD）引进的种源，在甘肃省林业科学研究院靖远基地培育，两年生实生树上的当年新枝条，取材时间为2004年7月的晴天正午时分。按照外植体应选择幼年型的原则，我们选择了幼嫩刺形叶小枝（带侧枝）作为培养材料，并用修枝剪剪成长约2 cm（带小侧枝）的刺形叶小枝备用。同时还将选取从美国南达科他州（SD）引进的种源种子备用。

（3）外植体的灭菌

把准备好的外植体刺形叶小枝先用洗衣粉水刷洗，然后用流水冲洗，再加入漂白粉饱和溶液的上清液中灭菌25～40 min，倒出漂白粉溶液后即加入0.1% $HgCl_2$溶液灭菌5～15 min，最后用无菌水冲洗4～5遍。注意灭菌药剂的溶液和无菌水的加入量以没过要处理的外植体表面为宜，其间不断摇动，以达到充分灭菌的目的。值得指出的是，由材料的木质化程度决定消毒时间，对幼嫩材料的消毒时间应相应缩短。

铅笔柏种子先用热水浸泡24 h，然后加入漂白粉饱和溶液的上清液中灭菌25～40 min，倒出漂白粉溶液后即加入0.1% $HgCl_2$溶液灭菌5～15 min，最后用无菌水冲洗4～5遍。其间不断摇动，以达到充分灭菌的目的。

4.初代培养

（1）建立初代培养

初代培养是林木试管快繁过程的基础，其目的是建立无菌体系，并使外植体发育起来。与大多数针叶树种一样，铅笔柏组织培养中的困难之一是建立无菌体系。由于铅笔柏的小枝上排列有鳞叶，且长时间暴露在田间，菌类滋生，有的菌类甚至长入组织内部，致使表面消毒剂很难杀死组织内部的菌类而导致材料在接种之后污染。目前，对材料内部污染的问题尚无令人满意的解决办法。

本研究在外植体灭菌的过程中，小枝污染比较严重，种子污染较轻。根据以往的经验，外植体的灭菌应选择不同药剂、不同浓度、不同采条时间及采条后不同的处理方法进行试验，但由于客观原因，只用不同药剂、不同时间进行试验，初代培养时的污染结果情况见表2-10。

表2-10 铅笔柏小枝不同药剂、时间污染死亡统计表

7月采条	漂白粉25 min(%)	漂白粉30 min(%)	漂白粉35 min(%)	漂白粉40 min(%)
0.1%升汞5 min	100	100	100	100
0.1%升汞8 min	100	100	95	96
0.1%升汞10 min	100	100	52	80
0.1%升汞12 min	100	95	80	86
0.1%升汞15 min	100	100	100	100

注：试验材料为随采随用。

从表2-10中可以看出，对于铅笔柏小枝灭菌以漂白粉溶液35 min，0.1%升汞10 min为好。污染死亡率中除污染死亡外，还包括因灭菌药剂浓度过高而使小枝死亡的数。根据经验，采条时间最好在3、4月份或室内水培抽枝作外植体，其效果较好。

从表2-11中可以看出，对于铅笔柏种子灭菌以漂白粉溶液35 min，0.1%升汞15 min为好。在实际操作过程中，我们曾经在超净工作台上将种子皮剥离只留胚，然后接种，但全部污染。

表2-11 铅笔柏种子不同药剂、时间污染死亡统计表

种子	漂白粉25 min(%)	漂白粉30 min(%)	漂白粉35 min(%)	漂白粉40 min(%)
0.1%升汞5 min	100	100	98	95
0.1%升汞10 min	100	83	75	75
0.1%升汞15 min	100	60	20	95

（2）初代培养基的筛选

初代培养中多采用MS培养基。铅笔柏小枝及种子经灭菌处理后转入初代培养基，10～15 d后，小侧枝伸长展叶，这时依靠小枝自身的营养供给其生长发育，待

幼茎抽到一定高度后，切割分段，进行继代繁殖。初代培养的培养基中琼脂6 g/L，糖30 g/L，pH值为6。

在试验过程中，设计6种不同浓度激素组合，观察其对铅笔柏小枝生长状况的影响，见表2-12，通过观测，适宜铅笔柏初代培养的培养基是MS+BA1.5 mg/L+NAA0.05 mg/L。

表2-12　不同浓度的激素组合对铅笔柏小枝生长的影响

激素浓度(mg/L)	接种数(个)	生长情况
BA1+NAA0.05	30	小侧枝几乎不长
BA1+NAA0.1	30	小侧枝伸长淡绿，长势较弱
BA1.5+NAA0.05	30	小侧枝伸长淡绿，长势粗壮
BA1.5+NAA0.1	30	小侧枝茎尖卷曲，生长较弱
BA2+NAA0.05	30	小侧枝几乎不长
BA2+NAA0.1	30	小侧枝几乎不长

对于铅笔柏种子也设计了3种不同浓度激素的组合，见表2-13，但因种子预处理不好，所以60 d也未见动静。

表2-13　不同浓度的激素组合对铅笔柏种子的影响

激素浓度(mg/L)	接种数(个)	生长情况
BA1+NAA0.05	60	未见动静
BA1.5+NAA0.05	60	未见动静
BA2+NAA0.05	60	未见动静

由于客观原因，铅笔柏组织培养只筛选出初代培养基，尚未筛选出适宜的分化继代培养基和生根培养基，如要进行规模快繁，还需在已有的工作基础上进一步开展试验研究。

二、铅笔柏扦插试验

扦插是传统的无性繁殖法中应用前景最广的一种方法，与嫁接、埋条等相比，它具有简单易行、繁殖速度快、不受树种限制、繁殖系数高、成本低的优点。从20

世纪40年代开始，随着人工合成生长素的研制成功以及对插穗生根机理的认识，人工喷雾装置和自控温度、湿度、光照等设备的出现，许多难生根树种的扦插繁殖获得了很大成功。国内外许多资料表明，不少造林树种都可采用扦插繁殖技术育苗并用于造林生产。近年来，随着无性系林业的发展，扦插越来越引起世界各国的关注，扦插与组织培养相结合已成为林木育种、育苗领域的现代技术框架。因此，插穗标准化将是今后林木扦插繁殖的发展趋势。

1. 插穗母树的选择

铅笔柏的扦插生根率与母树年龄关系密切。根据资料，1～5年生实生树苗上的枝条作插穗生根率一般为70%左右，5年生母树的当年生枝条生根率为40%左右，而20年生母树的当年生枝条生根率为20%左右。当然，同一年龄母树上的枝条与母树的生长势、发育状况也有关系。因此，我们选择2年生实生树苗上的枝条作插穗进行扦插。

2. 插穗长度及枝龄

将所采的小枝用修枝剪剪成插穗长7 cm左右，基部保留3～4 cm木质化的当年生枝条，剪口成"马蹄"状，扦插深度3 cm左右。这种枝条虽然是1年生的枝条，生长时间较短但也是获得充分成熟，生长健壮，基部带有木质化的枝段，如枝梢过长，也可剪掉顶部嫩梢。

3. 扦插时期

铅笔柏的扦插繁殖时期，无论是春插、晚秋插还是初冬扦插，只要愈合生根的条件控制得好，均能较好地生根。许多资料表明，铅笔柏扦插的最好时期为8月中旬到10月中旬。本研究由于客观原因，在7月、8月进行扦插，由于夏季气温高，难以控制而影响插条生根。

4. 扦插基质

扦插基质应选择排水、通气性能好、升温较快、保湿较好的材料。本研究扦插试验分两处，一是在天水三阳苗圃，用45孔育苗盘育苗，其孔径4 cm，深度5 cm，以蛭石粉、珍珠岩、河沙为基质，其比例2：3：5。二是在室内，以纯蛭石粉为基质。

5. 激素处理

树木的生长发育，除受外界环境条件的影响外，还直接受体内的新陈代谢物质即生长激素的控制。应用适量的生长素处理插穗，即可增强插穗内的新陈代谢作用，促进插穗内营养物质的迅速分解、转化和根原基形成，又可以增强插穗内部各种酶的活性，有利于细胞分裂，加速插条愈合组织的形成，从而加速不定根的产生，提早生根，提高生根率。本研究主要用生根粉6号、吲哚丁酸、萘乙酸，根据不同浓度进行速蘸、浸泡处理插条，然后扦插。

6.扦插方法

将剪截好的铅笔柏插穗按每50根捆扎成把，一部分放入按比例配好的激素溶液中浸泡处理，另一部分插前在按比例配好的激素溶液中速蘸处理，做好插前的准备工作。扦插应选在阴天或傍晚进行，室内扦插除夏季都可以进行。

铅笔柏的插穗较细而软，需要用细棍打洞后插，若用生长素快速处理的，应处理1把插1把，循序扦插，扦插时防止插穗基部皮层插裂。插完后按实，使插穗基部和基质密切接实。插完后应用细眼喷壶喷水保湿，浇透育苗盘和育苗盆。如在晴天扦插，则应用遮阳网遮阴，防止插穗失水。

铅笔柏在天水三阳苗圃扦插时不同激素不同浓度的处理，见表2-14；在实验室内扦插时不同激素不同浓度的处理，见表2-15。

表2-14　铅笔柏不同激素不同浓度的处理（苗圃）

激素	浸泡	浸泡	速蘸
生根粉6号（×10⁻⁶）			10000
萘乙酸（×10⁻⁶）	200（2 h）	400（2 h）	10000

表2-15　铅笔柏不同激素不同浓度的处理（室内）

激素	浸泡	浸泡	速蘸
生根粉6号（×10⁻⁶）			10000
萘乙酸（×10⁻⁶）	100（24 h）	200（6 h）	400
吲哚丁酸（×10⁻⁶）	100（24 h）	300（6 h）	500

扦插时间为7月、8月，由于夏季气温高，难以控制而影响插条生根。在天水三阳苗圃扦插两次，几乎未成活。在实验室内扦插，只有萘乙酸$200×10^{-6}$浸泡6 h、吲哚丁酸$500×10^{-6}$速蘸过的插条，经55 d后，插条还绿的达到46%，其基部有愈伤组织的达到23%，生根的达到5%，由于客观原因，后期管理未能跟上，所以保存率只有10%。

7.插后管理

插后管理是提高铅笔柏插穗生根率极为重要的技术措施。即在扦插生根之前，

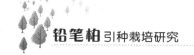

如何满足它愈合生根所需要的环境条件，如适宜的温度、湿度、光照和氧气等是十分重要的。

铅笔柏插穗从扦插至生根的不同阶段，对环境条件的要求是不同的。当枝条切离母体，断绝了来自母体的水分供应后，水分供应则极为重要。因此，从剪截插穗至扦插的整个过程中，必须经常喷水，以保持插穗新鲜挺健。但遇强光照射引起高温，而又不采取调节措施，在高温、高湿、空气又不流通的情况下，会引起插穗产生霉菌而腐烂。因此，调节好小环境的温湿度是铅笔柏插后管理的技术关键，同时，为防止霉菌的产生，将多菌灵、波尔多液等杀菌药剂按比例配好，每星期喷洒一次。

植物组织培养和快速繁殖技术，虽然有不少成功的经验，但由于植物种类和品种的不同，培养条件的差异，不少难关需要逐步攻克。在试验启动之初，我们在兰州大学图书馆、省图书馆、省林科院资料室查阅了大量文献，了解国外及国内在组织培养方面的研究现状。在试验研究中，仍然没有大的进展，我们深深感到在这个研究领域中，还需刻苦钻研、不断开拓新的思路，才能取得新的突破。

第七节　铅笔柏造林试验

一、试验材料

供试的6个铅笔柏种源的基本情况见表2-16。6个种源种子经统一处理后在天水三阳繁育基地进行容器育苗，因MI种源种子未出苗，实际试验种源只有5个。天水、靖远、镇远试验点所用苗木均来自天水三阳苗圃铅笔柏繁育基地，为2年生容器苗。天水北山造林苗木2004年春从三阳苗圃出圃直接造林，靖远、镇远两地苗木2003年从三阳苗圃运到当地后在苗圃地进行管护，2004年春季出圃造林。由于各种源种子数量和出苗情况不一，因此，天水、靖远、镇远试验点的种源个数和数量依不同的试验目的而不同，天水试验点5个种源，主要是建立种质资源圃、进行种源间差异性对比试验及示范林的营造。靖远试验点4个种源即SD种源、LA种源、NE种源、MO种源，主要是进行适应性及抗逆性方面的试验，由于LA种源在2003年越冬时死亡，造林试验树种为所剩3种。镇远试验点为NE种源，主要是进行与乡土树种的对比试验。

表2-16 铅笔柏种源基本情况

种源名	种子来源	千粒重(g)	净度(%)	发芽力(%)
SD种源	南达科他州	9.99	99	99
LA种源	路易斯安那州	5.22	90	71
NE种源	新英格兰	9.28	98	99
TX种源	得克萨斯州	9.14	98.11	98
MO种源	蒙大拿州	8.46	98	91
MI种源	密苏里州	5.16	86	50

二、试验方法

1.种质资源圃营造

为了系统研究铅笔柏生长发育规律，保存种质资源，在天水三阳苗圃挑选了土地平坦肥沃、灌溉及管理方便的试验地，利用已育成的5个种源的苗木，选择优良苗木营造了铅笔柏种质资源圃，面积2.3亩①，成活率达98.4%，保存率达96.1%。

（1）试验点自然概况

试验地位于甘肃省天水市麦积区三阳苗圃，地理坐标105°53′E、34°33′N，海拔1084.2 m，该地年平均气温11.1 ℃，极端高温37.2 ℃，极端低温-17.6 ℃，年相对湿度69%，年降水量496.5 mm，年蒸发量1297.5 mm，全年日照时数2032.5 h，土壤为黄绵土，因长期耕作，肥力良好，并具备良好的灌溉条件。

（2）苗木选择

选用2年生优质容器苗建园，对苗木进行初级筛选，主要使用苗高大于平均苗高一个标准差以上的优质苗，兼顾部分苗高略小于平均苗高一个标准差的普通苗，以保证子代种子的遗传稳定性，既能保留较强的速生性，也能保留较强的适应性。

（3）建圃

应选择排水良好、灌溉方便和地势平坦的土地，土壤质地以沙土和壤土为宜，避免黏重土壤，不能选用盐碱土壤，也不宜选用前茬为棉花、马铃薯、蔬菜、豆类

---

①1亩=666.67平方米,因本研究当时计量单位是以亩来计算,故本书中也用亩。

的地块。整地是造林工作中的重要环节，可提高铅笔柏造林成活率，促进幼林生长。

2003年9月，在天水三阳苗圃进行了种质资源圃的建圃准备，因苗圃土层深厚，杂草较少，进行了全园耕翻土壤，全面整地。苗圃秋季深耕20～30 cm，次年春土壤解冻后再浅耕一次，同时施基肥3000～5000 kg/亩，过磷酸钙20～25 kg/亩，随即耙平，做成高床。干旱缺水地区也可作低床，针对苗圃具体情况，选择2%的福尔马林溶液施用50 mL/m²，2%～3%的硫酸亚铁水溶液9 L/m²或50%的辛硫磷颗粒剂每亩2～2.5 kg等对土壤消毒。试验设计按完全随机区组排列，各种源之间互相隔离，防止自然杂交，保证种源的纯正性。造林选用该苗圃所育2年生容器苗，造林前施足基施，每亩施农家肥500 kg，株行距1.5 m×1.0 m。

（4）栽后管理

栽后1～2个月内每隔15 d浇水1次，每次浇水要浇透，浇灌如发现幼树倾斜，要立即进行修整、培土、扶正、踏实。1年内3次除草松土，除草时要注意不伤树根，不动摇树干。栽后1年追肥2次，追肥应在速生期来临之前进行，第1次追肥在4月下旬到5月上旬，第2次追肥在7—8月，第1次用有机肥，每亩5 kg，第2次可加少量磷肥。

2. 造林试验

（1）造林地概况

甘肃靖远试验点：位于该县北滩乡境内的甘肃省林业科学研究所基地。东经104°40′～104°50′，北纬36°45′～36°55′，该地属大陆性干旱气候。年降水量243.4 mm，年蒸发量1742.6 mm，年均气温7.5 ℃，极端最高气温39.5 ℃，极端最低气温-25.1 ℃，≥0 ℃年积温3 834.0 ℃，干燥度3.0，无霜期159 d，最大冻土深度1.2 m，平均风速1.2 m/s，最大风速21.0 m/s。土壤为灰钙土，有机质含量10.7 g/kg。灌溉用水依靠黄河提灌工程。

甘肃天水试验点：位于天水市城郊玉泉村，东经105°41′～105°43′，北纬34°34′～34°36′，该地属北暖温带半湿润性气候。年平均温度11.0 ℃，极端最高温度38.5 ℃，极端最低温度-19.2 ℃，年平均降水量660 mm，年平均蒸发量952 mm，平均相对湿度74%。日照时数2033.1 h，≥10 ℃年积温3360.0 ℃，无霜期180 d，一般年份冻土深度30 cm。土壤为黄绵土，pH 7.0～8.5，有机质含量10.7 g/kg。

甘肃镇原试验点：位于镇原县以南屯字乡，属北温带半湿润性气候，年平均气温9.9 ℃，极端最高气温37.1 ℃，极端最低气温-16.0 ℃，无霜期150 d，年降水量

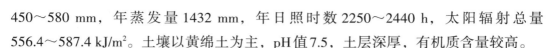

450～580 mm，年蒸发量1432 mm，年日照时数2250～2440 h，太阳辐射总量556.4～587.4 kJ/m²。土壤以黄绵土为主，pH值7.5，土层深厚，有机质含量较高。

（2）造林设计

试验林布设按完全随机区组排列，30株为1小区，每小区3个重复。区组四周设保护行。

示范林：将试验林用过剩余的铅笔柏苗木，根据苗木数量分别在各试验点进行片状造林，造林时按不同种源分地块栽植。

试验林的区组与小区排列及多余苗片状造林均绘制造林示意图，以便今后的测试调查和后期观察。为防止人畜破坏，各试验点营造的试验林均派专人看管。

（3）试验林营造

① 整地

2003年10月，各试验点在选定林地后，依各点的实际情况进行整地。

梯田采用拖拉机全面翻耕后挖坑定植，2 m×2 m的规格拉线定穴，植穴规格为0.5 m×0.5 m×0.5 m（166株/亩）。缓坡地采用鱼鳞坑整地方式，株行距2 m×2 m，坑穴半月形，三角状排列，坑宽0.7～1.0 m，坑长0.5～0.8 m，坑深0.6 m，坑距1.5～3.0 m，开挖后回填土至1/3坑深处，整理坑穴成锅底状，下沿用生土围成高20～25 cm的半环状土埂，并在上方左右两角各斜开一道小沟，以便引蓄雨水。陡坡地采用沿等高线水平沟整地，水平沟断面呈梯形，上口宽0.6～1.0 m，沟底宽0.3 m，沟深0.4～0.6 m，沟长4.0～6.0 m；两水平沟顶端间距1.0～2.0 m，沟间距2.0～3.0 m，挖沟时先将表土堆放在上方，用底土培埂，然后将表土填盖在植树斜坡上，按2.0 m的株距进行定植。

天水北山试验点，地形复杂，有坡地梯田，坡地采用鱼鳞坑整地方式，采取2 m×2 m的规格拉线定穴，植穴规格为0.5 m×0.5 m×0.5 m（166株/亩），每穴施0.25 kg磷肥做基肥、0.25 kg硫酸亚铁进行土壤消毒。栽植时要求顺山上下对齐；梯田采用拖拉机全面耕翻。3月底定植，采取随时起，随时栽的原则。

靖远试验点，地处甘肃与宁夏交界处，自然条件恶劣，风大，1年4级以上大风天数达260 d，大风、干旱对苗木影响较大，在该试验点主要进行不同种源抗逆性试验。该试验点为农耕地，整地采用拖拉机全面耕翻，混交造林采用穴状整地。栽植采用了三种方式，容器苗覆膜、与群众杨混交、裸根苗覆膜。容器苗、裸根苗覆膜前采用拖拉机全面耕翻，然后按2.0 m×1.0 m株行距进行拉线打点，栽后每穴铺70 cm×70 cm宽的0.07 mm农用地膜。与群众杨混交，采用在群众杨行间按株距1 m

挖穴栽植，群众杨株行距为 20 cm×150 cm。

镇原试验点为坡地，采用沿等高线水平沟整地，水平沟断面以挖成梯形为好，上口宽 0.6～1.0 m，沟底宽 0.3 m，沟深 0.4～0.6 m；沟长 4.0～6.0 m；两水平沟顶端间距 1.0～2.0 m，沟间距 2.0～3.0 m。挖沟时先将表土堆放在上方，用底土培埂，然后将表土填盖在植树斜坡上，按 2.0 m 的株距进行定植。镇原位于子午岭林区，该区主要树种为油松，在该试验点主要进行铅笔柏与当地主栽的针叶树种进行对比试验，对比树种为油松和侧柏。

② 容器苗的起苗及运输

一般来说，培育容器苗的环境比较优越，特别是塑料棚内培育的容器苗，生长比较旺盛，因此在出圃造林之前，对苗木必须有一个练苗过程，以增强苗木对外界气候环境条件的适应性。一般在造林前 15～20 d 揭去塑料棚膜，停止浇水，以增强苗木对外界气候环境条件的适应性。起苗时按种源号逐一进行，分种源装运，苗木拉运到现场后，根据区组和小区设计进行栽植。

塑料大棚内培育的容器苗，在造林前一年秋季，首先断根培育。各试验点春季土壤解冻后开始起苗，起苗后立即装车，洒水后苫盖运输。运到造林现场后，将苗木卸车堆放在遮阴避风处，并经常向苗木洒水以防苗木失水。植苗时随栽随取，尽量避免苗木长时间散放。

③ 容器苗定植

3 月底定植。定植时先将树穴进行表土回填至坑穴 1/2 处，然后在定植穴内铺覆地膜。地膜规格 80 cm×60 cm，中间开口，先将定植穴长径方向的土集中到坑中间，将塑料膜长边靠长径方向放好，埋土固定后抓住塑料膜另一长边，平铺地膜，左右两边用土压紧，同时用手按压塑料膜中间，使之与坑底贴紧，最后用土压住另一长边，塑料膜中间开口处填压适量土以防风吹。定植时先将塑料薄膜从开口处掀起，用小铲在树穴中央挖一个较容器苗营养土块略大的坑，再将容器苗外面的塑料袋用小刀划破去掉，放置在树穴内的坑中，填土至容器苗的营养土上部，用铁锨把或木棒将容器苗周围的土捣实，整理树穴和薄膜，浇足定根水，灌水量每株 10～20 kg。剥下的塑料应集中回收或掩埋，以防造成污染。

定植完毕后，绘出示范林平面图归档保存，以便今后的测试调查和观察。

栽后 1～2 个月内每隔 15 d 浇水 1 次，每次浇水要浇透，浇灌如发现幼树倾斜，要立即进行修整、培土、扶正、踏实。每年除草松土 3 次，除草时要注意不要伤苗。定植后每年追肥 2 次，第 1 次追肥在 4 月下旬到 5 月上旬，第 2 次追肥在 7—8 月，第

1次用有机肥，每亩5kg，第2次增加少量磷肥。为防止人畜破坏，安排专人看管示范林，并严密注意病虫害的发生，以便及时防治。

④观测内容及分析方法

天水、镇原试验点每年秋季苗木停止生长后测定树木高、径生长量、当年高生长量，每年秋末在布设的试验林中进行抽样调查，每1小区调查30株，4次重复，每1种源各调查120株。造林当年调查成活率、保存率。所得数据通过整理计算，求小区平均值后按区组汇总，生长量差异应用方差分析法计算，进行了多重比较。靖远试验点，造林后从6月份开始，每隔15 d定株（30株）测定不同种源高生长量，进行生长进程的观测，应用SPSS11.0进行生长模型的拟合；9月底调查成活率及保存率。

三、结果与分析

1.铅笔柏不同种源生长量比较

不同种源生长量调查见表2-17。

表2-17 铅笔柏不同种源生长量调查表

株号	MO种源		SD种源		NE种源		TX种源		LA种源	
	树高（cm）	地径（cm）	树高（cm）	地径（cm）	树高（cm）	地径（cm）	树高（cm）	地径（cm）	树高（cm）	地径（cm）
1	80	1.5	70	1.4	100	1.8	30	1.9	101	1.6
2	95	1.1	80	1.3	87	1.4	41	1.5	110	1.9
3	95	1.7	71	1.2	82	1.3	52	1.8	73	1.4
4	82	1.4	106	1.6	94	1.6	56	2.0	80	1.3
5	105	1.7	94	1.6	90	1.5	71	2.0	77	1.6
6	87	1.9	92	1.7	90	1.2	68	1.7	80	1.2
7	72	1.6	87	1.7	66	1.0	76	1.9	98	1.7
8	67	1.3	86	1.4	87	1.6	80	1.6	91	1.2
9	73	1.3	82	1.3	81	1.4	59	1.7	94	1.3
10	80	1.3	85	1.3	83	1.7	63	1.2	108	1.6
11	90	1.4	79	1.2	69	1.4	65	1.5	91	1.7
12	85	1.6	94	1.5	107	1.5	78	1.4	94	1.6

续 表

株号	MO种源		SD种源		NE种源		TX种源		LA种源	
	树高（cm）	地径（cm）	树高（cm）	地径（cm）	树高（cm）	地径（cm）	树高（cm）	地径（cm）	树高（cm）	地径（cm）
13	71	1.5	72	1.2	104	1.8	54	2	107	1.5
14	66	1.1	83	1.3	92	1.2	62	1.4	68	1
15	62	1.2	95	1.4	97	1.6	63	2	91	1.3
16	74	1.7	86	1.3	86	1.7	82	1.9	107	1.3
17	47	1.7	92	1.4	91	1.5	79	1.7	119	1.9
18	102	1.6	94	1.5	88	1.8	65	1	114	1.9
19	108	1.9	92	1.3	72	1.7	74	2	84	1.2
20	70	1.1	66	1.2	66	1.2	69	1.1	90	1.9
21	95	1.2	67	1.3	87	1.3	36	1.6	86	1.1
22	88	1.5	81	1.2	70	1.1	43	1.2	89	1.3
23	90	1.6	97	1.2	73	1	48	1.6	77	1.2
24	59	1	100	1.6	81	1.4	50	1.5	105	1.2
25	61	1.3	66	1.7	63	1	70	1.9	96	1.2
26	77	1.4	89	1	98	1.6	75	1.9	97	1.5
27	63	0.8	77	1.3	71	1	46	2.1	109	1.4
28	92	1.5	88	1.5	64	1.1	52	1.4	83	1.2
29	81	0.9	98	1.4	95	1.7	64	2.1	72	1.3
30	101	1.4	73	1.1	73	1.2	70	2.1	77	1.3
均值	80.60	1.41	84.73	1.37	83.57	1.41	61.37	1.69	92.27	1.43

注：调查对象为天水三阳苗圃2004年春季造的铅笔柏示范林，苗龄为2a容器苗。

从表2-17可以看出，在天水引进的5个铅笔柏种源中，LA种源生长最好，最差的为TX种源；生长量高低排序为LA>SD>NE>MO>TX。对表2-17的数据进行单因素方差分析，结果见表2-18、2-19。

从表2-18、2-19可知，高生长 $F=22.71>F_{0.05}=2.43$，径生长 $F=7.30>F_{0.05}=2.43$，方差分析结果显示，铅笔柏种源间高、径生长差异显著。

表2-18　苗高方差分析

差异源	SS	df	MS	F	P-value	$F_{0.05}$
组间	15956.23	4	3989.057	22.71559	1.39E-14	2.434065
组内	25463.27	145	175.6087			
总计	41419.49	149				

表2-19　地径方差分析

差异源	SS	df	MS	F	P-value	$F_{0.05}$
组间	2.0236	4	0.5059	7.295909	2.21E-05	2.434064
组内	10.05433	145	0.06934			
总计	12.07793	149				

　　方差分析的结论并不能断言品种两两之间都有显著差异，因此有必要利用多重比较法进一步判断具体品种之间的差异性。各品种多重比较（q 检验法）计算结果见表2-20。

表2-20　不同种源苗高多重比较

	$\overline{x_i}-\overline{x_5}$	$\overline{x_i}-\overline{x_4}$	$\overline{x_i}-\overline{x_3}$	$\overline{x_i}-\overline{x_2}$
$\overline{x_1}=80.60$	−11.66667*	19.23*	−2.96667	−4.13333
$\overline{x_2}=84.73$	−7.533333	23.36333*	1.166667	
$\overline{x_3}=83.57$	−8.7	22.19667*		
$\overline{x_4}=105.00$	−30.89667*			
$\overline{x_5}=92.27$				
$q_{0.05}(5,145)=3.86$，组内均方 $S_w^2=175.61$，$m=30$，$D=q_{0.05}(5,145)\sqrt{\dfrac{S_w^2}{m}}=3.86\times\sqrt{\dfrac{175.61}{30}}=9.33$				

　　由表2-20可见，$|\overline{x_i}-\overline{x_j}|>D=0.05$ 的有5个（带*上标），这些品种之间高生长差异显著，即SD与LA种源，SD、MO、LA、NE种源与TX种源间存在显著差异性，其余各品种间差异不显著。由表2-21可见，$|\overline{x_i}-\overline{x_j}|>D=0.05$ 的有4个（带*上标），这些

品种之间径生长差异显著，SD、MO、LA、NE种源与TX种源之间有显著差异性，其余各品种间差异不显著。

表2-21　不同种源地径多重比较

	$\bar{x}_i-\bar{x}_5$	$\bar{x}_i-\bar{x}_4$	$\bar{x}_i-\bar{x}_3$	$\bar{x}_i-\bar{x}_2$
$\bar{x}_1=1.41$	−0.02	−0.28*	0	0.04
$\bar{x}_2=1.37$	−0.06	−0.32*	−0.04	
$\bar{x}_3=1.41$	−0.02	−0.28*		
$\bar{x}_4=1.69$	0.26*			
$\bar{x}_5=1.43$				
$q_{0.05}(5,145)=3.86$，组内均方 $S_w^2=0.07$，$m=30$，$D=q_{0.05}(5,145)\sqrt{\dfrac{S_w^2}{m}}=3.86\times\sqrt{\dfrac{0.07}{30}}=0.19$				

2. 不同种源在不同气候条件下的生长表现

由表2-22可见，在天水试验点，苗期1年生时，各种源之间没有明显的差异，生长最好的为LA种源，它比生长最差的TX种源高0.8 cm，是TX种源高生长的1.07倍，SD、MO、NE种源生长差异不大。在2年生时，各种源间的生长差异增大，生长最好的仍为LA种源，生长最差的为TX种源，LA是TX种源高生长的1.55倍，MO、NE种源生长差异不大，生长量大小顺序为LA>SD>MO>NE>TX。在靖远试验点，2年生时，SD生长最差，MO、NE种源无明显差异，种源生长量由大到小排序为NE>MO>SD。

表2-22　不同试验点铅笔柏各种源苗期高生长量汇总表

种源名	一年生(cm)		两年生(cm)	
	天水	靖远	天水	靖远
SD	12.1	12.1	29.63	24.34
MO	11.9	11.9	23.68	30.46
NE	12.0	12.0	22.95	30.73
LA	12.4	12.4	35.56	
TX	11.6	11.6	23.0	

备注:靖远试验点苗木是天水繁育基地的苗木2003年春季移床到靖远异地培育,LA种源在2003年未能越冬。

从表2-23可见，造林初期，靖远试验点3种源（LA种源2003年未能越冬）苗高差异不显著，从当年生长量来看，SD种源最大，MO种源最差。SD种源对低温、干旱天气适应性比MO、NE种源强，MO种源适应性较差。天水试验点，苗高大小顺序为LA>SD> NE > MO >TX，从当年生长量来看，NE种源最大，TX种源最小。因造林时间较短，各种源后期生长表现有待于进一步观测。

表2-23　不同试验点铅笔柏各种源造林初期生长量汇总

种源名	天水		靖远	
	苗高(cm)	当年生长量(cm)	苗高(cm)	当年生长量(cm)
SD	84.73	55.1	36.50	13.23
MO	80.60	56.92	36.63	7.10
NE	83.57	60.62	36.63	8.73
LA	92.27	56.71		
TX	61.37	38.37		

3. 同一种源在不同气候条件下的生长差异

由表2-24可见，铅笔柏对气候的适应范围较宽，在年降水量变幅243.4～660 mm的北暖温带半湿润气候到干旱气候下都能正常生长。同一种源在不同的气候类型区生长表现有所不同：在天水试验点，北暖温带大陆性气候条件下，其生长较快，3年生树高达到83.57 cm，当年高生长量60.6 cm；而在靖远大陆性干旱气候下，树高仅52.0 cm，当年高生长量17.7 cm，仅为天水当年生长量的29.2%。铅笔柏对气候条件的适应幅度虽然很大，但从生长速度来看，气候温和湿润比较有利于铅笔柏生长。

表2-24　不同气候类型区铅笔柏种源生长差异

试验点	树高(cm)	地径(cm)	当年高生长量(cm)
天水	83.57	1.41	60.6
靖远	52.0	1.25	17.7
镇原	60.63	1.28	28.1

注：所用种源为NE种源，3年生树，苗为2年生容器苗。

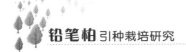

4. 不同造林方式对生长量及成活率的影响

由于靖远试验点风大干旱，造林主要是为了防风与保墒，因此，采用了三种方式造林，不同方式造林后成活情况见表2-25。

表2-25　不同造林方式成活率、生长量调查表

造林方式	调查株数	成活株数	死亡株数	成活率(%)	当年生长量(cm)
容器苗铺膜	120	119	1	99.17	17.7
群众杨混交	120	108	12	90.0	8.73
裸根苗铺膜	120	35	95	29.17	13.6

从表2-25可以看出，在甘肃靖远，不同的造林方式对成活率的影响不一，成活最好的为容器苗铺膜，成活率达到99.17%，裸根苗造林成活率仅为29.17%。从当年生长量来看，与群众杨混交最差，这是因为铅笔柏为强阳性树种，遮光对幼树生长有影响。

5. 同一种源在不同立地条件下的生长差异

由表2-26可见，同一铅笔柏种源SD，在天水不同的立地条件下生长表现不一，在土壤及水肥条件较好的三阳苗圃，其生长最快，3年生苗高达到80.60 cm，当年高生长量达到49.4 cm，表现出了该树种的速生性，而在北山的南坡上，其表现最差，苗高仅为39.23 cm，当年高生长量13.6 cm，生长缓慢。由此可见，虽然铅笔柏对干旱、瘠薄表现出了较强的忍耐力，但土层深厚、湿润是影响铅笔柏速生的重要因子。

表2-26　SD种源在不同立地条件下生长量调查表

立地条件	苗高(cm)	地径(cm)	当年高生长量(cm)	成活率(%)
北山南坡、中坡	39.23	0.82	13.6	91.7
北山机耕梯田	47.51	0.91	19.9	92.5
三阳苗圃	80.60	1.41	49.4	100

6.铅笔柏生长进程

植物生长属限制性生长，随植物个体的增长，所需营养水平不断提高，而供给植物营养的基质，在自然状态下水平持续下降，从而使植物的生长过程呈现出"慢—快—慢"的变化节律。因此，在靖远试验点对NE种源进行高生长进程观测。自2004年6月1日起，每小区固定30株苗木，每隔15 d测量苗高，进行生长节律调查，直到10月15日苗木生长停止为止。利用小区平均值（见表2-27），采用SPSS统计软件进行数据处理和分析。

表2-27　NE种源生长节律调查表

调查日期	06-01	06-15	07-01	07-15	08-01	08-15	09-01	09-15	10-01	10-15
生长量（cm）	27.1	29.37	34.30	35.17	40.87	45.53	49.93	50.80	51.87	51.88

应用SPSS软件，进行NE种源生长曲线拟合，以Logistic方程拟合最好。其方程表达为 $y = \dfrac{1}{1/k + b_0 \times b_1{}^t}$，其中 k 表示苗木生长极限，用等差三点法求得，$k = \dfrac{y_2^2(y_1 + y_3) - 2y_1y_2y_3}{y_2^2 - y_1y_3}$，$t$ 为生长天数，b_0、b_1 是待定系数。测量值与Logistic曲线拟合效果见图2-2。

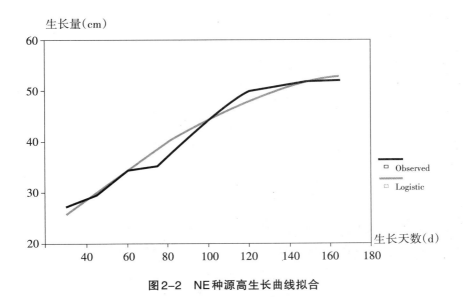

图2-2　NE种源高生长曲线拟合

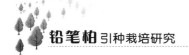

从表2-28（二）可知，$R^2=0.9688$，标准误为0.18217，从（三）方差分析结果可知，其F统计量的值为248.37935，F值的显著水平为0.0000，故而回归方程有统计意义，从（四）可得到铅笔柏NE种源高生长拟合模型为：

$$y = \frac{1}{1/56.7 + 0.0407 \times 0.9791_1^t}$$

表2-28　应用Logistic曲线拟合铅笔柏高生长回归分析结果

（一）Dependent variable. 生长量cm　　　　Method.. LGSTIC					
（二）Multiple R　　0.98427					
R Square　　0.96880					
Adjusted R Square　0.96490					
Standard Error　0.18217					
（三）Analysis of Variance：					
	DF　Sum of Squares			Mean　　Square	
Regression	18.2424520			8.2424520	
Residuals	8.2654795			0.0331849	
$F=248.37935$	Signif $F=0.0000$				
（四）———————— Variables in the Equation ————————					
Variable	B	SE B	$Beta$	T	Sig T
生长天数	0.979148	0.001309	0.373710	747.907	0.0000
（Constant）	0.040700	0.005801		7.016	0.0001

从图2-3可以看出，在靖远，NE种源1年内出现2次生长高峰，第1次出现在6—7月，第2次出现在8—9月，其他种源也出现2次生长高峰。第2次生长快速期的出现，与铅笔柏周期内有两次快速生长期的遗传特性有关，2次生长高峰的出现时间与当地的气温与水分条件有关，据贺善安（1993）观测，在南京，铅笔柏2次生长高峰分别出现在6—7月，第2次出现在11月。

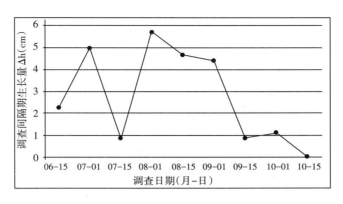

图2-3　NE种源两次测量间绝对生长量

7.铅笔柏与其他针叶树种的生长量比较

从表2-29可以看出，铅笔柏造林后，同当地的乡土树种侧柏、油松相比较，其当年生长量为28.13 cm，比侧柏生长量大，是侧柏的1.3倍，比油松生长量小，是其的0.77倍。因为各树种的生长特性不一，其生长速生期也不一致，本调查结果仅是造林后1年的表现，还不能充分说明三树种间的生长差异，客观的评价有待于进一步观测。

表2-29　铅笔柏、侧柏、油松生长量调查表

树种	侧柏	铅笔柏	油松
树高(cm)	48.29	60.63	51.03
当年生长量(cm)	21.56	28.13	36.19

注：3树种均为3年生树，苗为2年生容器苗。

（1）从2001年3月我们对铅笔柏在国内的引种栽培实地考察的情况来看，铅笔柏不仅是很好地绿化树种，而且是一种优良的荒山造林树种。将铅笔柏引进甘肃，不仅为日益发展的城市绿化建设提供良好的绿化树种，更为重要的是将进一步丰富甘肃适宜造林的树种种类，增加干旱、半干旱地区造林树种的多样性，随着铅笔柏在荒山造林中的大面积推广应用，将逐渐改变夏季绿树成荫，冬季枯黄一片的景观，有效缓解甘肃中西部地区冬春季因植被覆盖度低而出现沙尘和扬沙天气的局面。目前，整合后的林业六大工程在甘肃有四项，铅笔柏这一树种的引进，可为这四大工程建设在适生树种选择和苗木供应方面提供一定的保障，同时，有望打破甘肃省干旱、半干旱地区长期以来以侧柏为主的造林格局。

（2）从我国引种栽培铅笔柏的区域看，北到呼和浩特（北纬40°），南至江西赣州（北纬25°），甘肃大部分地区处于这一纬度区域，自然条件与铅笔柏原产地具有较强的相似性，因此，推广应用铅笔柏在甘肃具有广阔的地域空间。引种铅笔柏，可为湿润、半湿润、半干旱各气候区提供具有多种利用价值的优良造林树种。它的引种成功对甘肃生态环境建设、退耕还林、治理水土流失、发展人工用材林等方面具有深远的意义。

（3）目前我们正在开展的铅笔柏种源引进工作，是铅笔柏良种选育的必需途径，种源引进、种子处理、育苗方法、适生区筛选、栽培技术等方面的成果将为今后开展大规模生产提供参考数据和原始材料，也是更进一步开展铅笔柏研究的重要环节。随着研究的不断深入，很可能解决铅笔柏种源变异分化较为严重的问题，而且将形成一定规模的种质资源。

（4）从铅笔柏在不同试验区的生长状况尤可看出其应用前景：

①天水三阳川苗圃，年降水量479 mm，年平均温度12 ℃。1年生苗高平均为12.3 cm；2年生苗高平均达40.7 cm，并能安全越冬。表现出了铅笔柏的幼苗对生长环境有着良好的适应性。

②兰州阿干镇，年降水量370 mm，年平均温度9 ℃，最低温度-21 ℃，最高温度39 ℃，土壤条件较差。2001年引种的铅笔柏小苗顺利渡过缓苗期，2002年在管理比较粗放的情况下高生长达15～17 cm，表现出了较强的抗旱性。

③兰州徐家山，降水量与温度等气候条件与阿干镇基本相同。1986年从南京中山植物园引进铅笔柏种苗，并于1994年进行移植。2003年10月25日经调查，平均树高7.92 m，最高树高9.5 m；平均胸径14.64 cm，最大胸径20.01 cm；平均冠幅2.76 m，最大冠幅3.68 m。树龄均为22a。现生长状况良好，已进入结果期。

综上所述，铅笔柏在甘肃具有良好的研究推广前景，有望成为甘肃省湿润、半湿润、半干旱地区主要造林树种。

第三章 铅笔柏种苗繁育技术研究

第一节 国内外研究概况

一、种子育苗研究

种子采集，铅笔柏天然林应选择树龄为30～60年的优良母树采种。人工林应选择树龄为15～20年的优良母树采种。应根据球果成熟期确定采种时期，一般在10月下旬到11月上旬采种。

将采下的球果堆放在室内，注意通风，防止霉烂变质。半月后搓去果皮放在通风的场地暴晒几天，使种鳞开裂，种子脱出，将种子收集起来，用筛子或簸箕除去球果碎皮等杂物，然后用水选或风选的办法净种。

春季购进的铅笔柏种子需经隔年混沙埋藏，翌年春季播种育苗。播种育苗前多用0～5 ℃低温、3倍湿沙层积催芽4个月，以打破种子休眠。

梁鸣等（2000）研究认为，0～5 ℃低温处理对木本植物种子发芽的促进作用：一是可以使某些种子直接发芽，这些种子共同特征是没有胚乳，剥去种皮后胚根裸露；二是使某些种子从休眠状态逐渐转变为具备了发芽条件的状态，即促进种子完成生理和形态后熟过程；三是提高某些种子的发芽质量，提高发芽率、发芽速度和发芽势等，对于一些能正常发芽的裸子植物效果明显。

焦树仁等（2000）研究认为，铅笔柏育苗种子需在低温条件下处理90 d以上。刘启慎等（1996）研究证明，柠檬酸对铅笔柏种子也具有一定的催芽效果，铅笔柏种子用1%柠檬酸浸泡4 d，然后拌以3倍湿沙，在0～5 ℃条件下层积催芽110 d，既有10%种子露白。

殷豪（1984）报道，在沙藏、冰箱低温贮藏、柠檬酸浸种冬播和埋坑层藏四种方法中，以埋坑层藏和柠檬酸浸种冬播效果最好，出苗率高，出苗快而且整齐。埋坑于11月底至12月上旬进行。埋坑前先用30～40 ℃温水浸种1 d，坑底铺湿沙3～5 cm，然后一层1 cm厚的湿沙、一层0.3 cm厚的种子，至距地面30 cm为止，盖湿沙后再覆土呈丘状即可，埋藏90 d即可播种。柠檬酸浸种法是，用1%柠檬酸浸种4 d，清水冲洗后直接冬播。床面播种后要盖草保湿。

郑振鸿（1994）研究表明，铅笔柏种胚、胚乳和种皮中均含有抑制物质，在适宜条件下不能正常萌发，胚具有生理后熟现象。其后熟速率与温度关系密切，5～8 ℃是破除铅笔柏休眠强度最大的温度，高于15 ℃或低于0 ℃为无效温度；提高温度，中断层积过程，会诱导铅笔柏种子二次休眠，从而延长层积时间。赤霉素溶液浸种后层积，有一定打破休眠、缩短层积时间的作用，可缩短后熟期10 d左右。铅笔柏种子最佳后熟条件：后熟温度持续5～8 ℃，保持适当湿度并通透气，河沙持水量40%～60%，种沙比例1：（5～7），缺氧或无氧条件会延迟铅笔柏种子的后熟过程。在8 ℃层积中，0～60 d内，种子发芽率与层积时间成正相关；低温层积催芽超过60 d，发芽率增加甚微，裂口率增加，抗逆能力下降，会影响田间出苗率。

也有报道（陈莙玲等，2014）称，变温催芽效果较好。先用1%柠檬酸浸泡4 d，再混沙层积或冷（1～5 ℃）、热（15～20 ℃）各3～5 d交替变温1个月左右，能打破休眠，发芽率达80%以上。

郑振鸿等（1994）报道，铅笔柏种子发芽温度较宽，在15～25 ℃范围内发芽率无明显差异，以25 ℃为最适温度。铅笔柏采用芽苗移栽法育苗效果很好，其方法是，待催芽种子胚根伸长至2～3 cm时进行，根据铅笔柏幼苗喜群居的习性，采取三行一带定植方式，带距6～10 cm，行距2 cm，株距1 cm。育苗期间要进行遮阴处理，晴天中午用40%透光率的芦帘遮阴4～5 h效果最好，其芽苗成活率比全天遮阴和全光照育苗分别提高25%和60%。如果播种育苗，则需在床面覆盖稻草保湿，当有20%～40%幼苗出土时，及时分2～3次揭草，以增加光照。铅笔柏种子属出土萌发方式，胚根入土较浅，需及时用湿润细土培土2～3次，以加厚根际土层，稳固苗身，促进根系生长。

时秀生和翟金国（1987）报道，铅笔柏芽移育苗，可以先在温床上培育芽苗，待芽苗种壳脱落，心叶未出时进行移栽，每kg种子可产芽苗3.78万株，超过大田育苗的3～4倍。

冯殿齐（1985）报道，叶面喷施三十烷醇对一年生铅笔柏苗木生长具有显著的促进作用，以100 mg/L效果最好。

孟少童等（2004）报道，铅笔柏容器育苗技术，育苗基质为耕作土、河沙、蛭石按5：3：2的比例混合，10 g/L硫酸亚铁溶液+5 g/L高锰酸钾溶液消毒，添加5%的农家肥，0.8%的过磷酸钙，0.15%的美国二铵；营养袋是用普通聚乙烯塑料薄膜直筒无底袋。试验表明，赤霉素加低温层积催芽效果最好，发芽率达到76.1%。播种后搭建遮阴棚以避免高温或日灼。研究认为，在甘肃天水地区，播种日期以4月中下旬为宜。

二、扦插育苗研究

植物扦插历史悠久，早在2500多年以前，我国就已经开始利用植物的再生能力进行扦插繁殖，经历了"折柳樊圃"的原始阶段到扦插时间选择、插穗处理、插后管理的发展阶段，许多技术沿用至今。

扦插生根主要是诱导不定根的形成，根据不定根形成的部位，一般可分为愈伤组织生根型、侧芽或潜伏芽基部分生组织生根型、潜伏不定根原基生根型和皮部生根型四大类。往往是一种植物兼有两种以上的生根形式，这样的植物扦插容易生根成活，如果只有一种愈伤组织生根型，则属于难生根树种。

黄玉民和赵丽云（1980）对200余种乔、灌木树种进行扦插试验，结果表明，林木不同科之间、不同属之间、不同种类之间，扦插生根的难易程度差异巨大，而且树种不同，插穗生根部位和生根特性均不相同。绝大部分树种插穗生根过程都经愈伤和生根两个阶段，先愈伤后生根；部分树种则不经愈伤阶段而直接生根。插穗愈伤与生根并非完全相关，有些树种虽然愈伤速度快，愈伤组织也很发达，但扦插150 d时仍未生根。树种不同，插穗新生根系的性状也不同，有的树种新根粗壮、数量多，呈明显的须根状态；有的树种则新根很弱，但数量很多；还有些树种新根较粗壮，但数量很少，只产生两、三条根，生长较快，随后产生侧根，形成主根发达的根系。插穗生根部位随树种不同而不同，一般可分为三种情况：一是新根原始体直接产生于愈伤组织，即瘤上生根；二是根原始体产生于皮部，新根生于插穗表皮；三是不定根集中生于节上，即节上生根。有的树种以早插为宜，随着扦插时间的后移，生根率依次下降；有的树种则宜晚插，随着扦插时间的后移，愈伤和生根速度逐渐加快，生根率也依次提高；有的树种则随着扦插时间的不同，愈伤和生根变化明显，如日本绣线菊7月17日扦插，是先形成愈伤组织而后生根，插后约20 d为愈伤组织形成时间，20～24 d为大量生根时间，生根率达到78.9%，但扦插时间仅向后推延5 d，插穗则不经愈伤而直接生根，插后20 d时生根率达到93.3%。插穗的不同修剪方法对插穗生根也有一定的影响。剪截天目琼花插穗时，下剪口位于插穗末节之下0.3～0.5 cm的插穗，生根较快，35 d时生根率达到100%，而下剪口位于节上或节间的插穗，35 d时生根率分别是88%和65%。去掉顶梢的插穗，生根速度较快，一般可提前1～2周生根。绝大部分树种的半木质化嫩枝抽穗比其完全木质化的成熟枝易生根，不仅生根速度快，而且生根率也较高。插穗生根不需要很强的光照，因为绿色植物进行光合作用时，光的利用率一般不超过3%，绝大部分的光被用于加热植物组织和加大蒸腾作用。因此强光将破坏插穗水分平衡，造成插穗失水，不利于生根。为保证插穗生根，扦插时必须适当遮阴，一般遮阴量60%左右。插穗生根之前，如果环境湿度长时间维持在65%左右，插穗将因失水而丧失生根能力，如果湿度长时间过大，插床温度降低，会引起插穗霉烂。扦插环境的相对湿度以控制在80%以上为宜。总结200余个树种的扦插试验认为，常绿阔叶树较常绿针叶树容易生根；在落叶阔叶树中，灌木和藤本较乔木容易生根，枝条茎中空或髓心较大者容易生根，而实心髓生根比较困难，速生树种较慢生树种容易生根。

梁玉堂等（1987）对143个树种进行了系统研究，发现插穗生根数量和各部位生根比例相对稳定，与树种遗传特性、组织结构和生理功能的关系较密切，较少受环境和技术条件的影响，因此，将插穗分为三种生根类型：一是愈伤部位生根型，愈伤根占总根数的70%以上；二是皮部生根型，皮部根占总根数的70%以上；三是中间生根型，愈伤根或皮部根占总根数的30%～70%。并发现包括铅笔柏在内的裸子植物中的大部分树种属愈伤部位生根型，但柏科中不同属、不同种的生根类型变化较大，三种生根类型都有。进一步研究还发现，插穗不定根的排列方式有散生、簇生、轮状及纵列四种，针叶树的皮部根多属簇生方式。愈伤根的排列方式取决于愈伤组织的特性和形状，一般有三种方式：一是愈伤组织长满整个下切面呈圆球或扁球头，愈伤根在愈伤组织上呈须状或簇状，针叶树中愈伤部分生根型多属此种；二是愈伤组织只在下切口横断面的形成层周围形成瘤状环，愈伤根从环的周缘长出呈轮状，插穗的髓心部分并没有被愈伤组织所覆盖；三是除下切面形成愈伤组织外，在下切口向上3 cm范围内，由于薄壁组织受刺激而迅速分裂形成明显肥大的刺激愈伤组织，愈伤根除部分着生于自由愈伤组织外，多数由刺激愈伤组织长出。凡属难生根的树种，插穗不定根绝大多数是愈伤部位生根，其生根过程是：愈伤组织内的薄壁细胞的细胞质变浓，细胞核增大，反分化而成为根原基发端细胞；很多根原基细胞组成根原基发端；根原基发端细胞经过一系列分裂和发育，形成根原基；根原基开始呈卵形，随后中心部位发生不规则分裂，外围细胞分裂加快，使细胞群体积伸长和扩大，中心和外围的细胞进一步分裂，逐步形成根原基原形成层柱、基本分生组织、原表皮等，最后形成一个外形呈指状的突起，而成为组织完善的根原基；根原基经过细胞分裂和伸长生长，突破愈伤组织，钻出插穗体外，成为愈伤根。有些树种根原基形成于愈伤组织内侧，对于这类插穗，愈伤组织过量将不利于根原基的扩大和伸长；有些则在愈伤组织外侧形成根原基。

据魏礼文和范红鹰（1996）报道，碳水化合物含量的高低对插穗生根影响很大，易生根的插穗碳水化合物含量高，对母株进行黄化、绞缢和伤枝处理可以提高插穗中的碳水化合物含量，从而提高生根率。黄化一般在扦插前1～2周进行；绞缢一般在扦插前4～5周进行，在米兰、鱼木、龙眼和荔枝上的试验表明，绞缢处理与对照的生根率分别是73%：48%、54%：27%、37%：15%、28%：12%，效果非常显著；伤枝一般是折裂枝或环割枝2/3～3/4，待伤口愈合（约两个月）后可剪下扦插，伤枝处理可以减少插穗创伤面，不易受细菌感染，并且先形成的愈伤组织能促进插穗快速生根。对一些植物的母株（其中包括柏属植物）进行幼龄化处理能提高插穗生根率，其方法是将母株进行修剪或剪成绿篱，或对母株进行根段扦插，利用其不定枝作插穗。对于大多数植物来说，侧枝比顶梢、营养枝比果枝容易生根，其原因是顶梢生长旺盛，缺乏碳水化合物的积累。对于一些皮层外面形成不定根的部位有厚壁组织环的植物来说，可以采用在插穗基部刻伤的办法来提高生根率。促进插穗生根常用的人工合成生长素有吲哚乙酸、吲哚丁酸、萘乙酸、2, 4-D等，等量吲哚丁酸和萘乙酸混合剂广泛用于不同种类的插穗生根，其促进生根效果比单独用要好。在采穗前2～3 d对母株喷施内吸式广谱杀菌剂，如甲基托布津、多菌灵等，由于药剂能在插穗体内残留7～10 d，可防止愈伤组织形成前细菌的感染，有利于插穗存活。弥雾扦插是一项比较成熟的技术，是一种使插穗周围经常保持雾状水汽的保湿方法，弥雾条件下许多植物的嫩梢由于能较好地进行光合作用，从而促进生根，对于嫩枝扦插或半硬枝扦插十分重要。多数植物的嫩枝扦插适宜温度是20～25 ℃，大田硬枝扦插时，如果基质温度比气温提高3～6 ℃，促进生根的效果很明显。扦插基质要求多孔通气，保湿又排水良好，pH值适宜，无病菌和线虫。

刘德良（2003）报道，银杏等珍贵落叶树种或茶花、桂花、杜鹃等常绿花木，在生产上除少量采用全光照喷雾扦插繁殖外，大都采用梅雨季节扦插，然后加覆盖物遮阴，早盖晚揭的方法育苗。并介绍了一种全封闭扦插育苗法，具体做法是，扦插后在苗床上用农用薄膜搭建全封闭小拱棚，棚上设遮阴棚，遮光率80%以上，形成高温高湿环境。

蔡志清和何建平（1996）报道，一般树种在相对湿度70%～80%的条件下就能得到较高的成活，对于难生根树种，如银杏、桧柏等，在温度25～28℃，相对湿度达到85%～90%时，才能生根。试验采用电容式湿度传感器作为湿度敏感器件，可以精确探测空气相对湿度，配以控制电路可以精确控制扦插环境的湿度。结果表明，银杏扦插生根成活率由对照的47%提高到82%，生根时间缩短16 d。

吕德勤（1990）报道，木素酸盐（包括木素酸钠、木素酸钾和木素酸铵）有促进难生根树种桧柏插穗形成愈伤组织的作用。

徐树华和俞慈英（1993，1996）报道，铅笔柏扦插试验表明，以50 mg·L⁻¹生根粉浸泡2 h的效果最好，生根成活率可达81%，以100 mg·L⁻¹吲哚乙酸浸泡12 h的生根成活率也可达77%。扦插后要及时遮阴和洒水，保持床面湿润。

刘文晃（1986）报道，在江苏进行铅笔柏扦插试验，扦插环境为芦帘遮阴或保温的塑料棚，冬季于11月中下旬、春季于3月上旬进行。人工控制土壤湿度10%～20%；愈合期控制棚内气温20～25℃，相对湿度90%左右；生根期控制棚内气温24～30℃，地温26～29℃，相对湿度93%左右。结果表明，以熟土与细沙各半混合为基质插穗愈合生根率最高，其次为细沙土，生根率分别为72%和52%；母树年龄以2～3年的当年生枝条做插穗效果最好；冬季比春季扦插效果好；激素10 s速蘸有利于愈合生根，但浓度不宜超过1000 mg/L，同时萘乙酸比3-吲哚乙酸效果好。

单世博和董洪文（1986）报道，在山东寿光县进行铅笔柏扦插试验，扦插环境为半地下式土温室。土温室规格，扦插前挖窖，南北宽2～2.5 m，深50 cm，东西长视插穗多少而定，窖底松土20 cm，垫表土10 cm，窖口南沿筑矮墙高20 cm，北沿筑矮墙高10 cm，东西筑斜墙连接南北墙，墙上用竹木塑料薄膜覆盖，成为简易土温室。冬季夜间窖顶盖草帘保温，夏季气温高于35℃时，温室上搭1 m高荫棚遮阴，控制光照低于50%，窖内温度低于32℃，相对湿度大于80%，喷施杀菌剂防病，冬季或4月中旬扦插。结果表明，全针叶型插穗120 d左右生根，最高成活率87.5%，全鳞叶型插穗180 d左右生根，最高成活率71.6%，且生长缓慢。沙质土的扦插成活率高于黏质土。遮阴时间长并伴有大树自然遮阴的小区，其成活率明显高于无大树遮阴的小区。插穗长度对扦插成活率的影响不明显。综合分析，影响铅笔柏扦插成活的主要因素是母树变异。

肖开生和李淑琴（1990）报道，在江苏8月15、16日进行试验，扦插于装有基质的泥瓦盆内，瓦盆置于苗床上；插穗取自当年实生芽移苗，平均苗高13.6 cm，在幼苗中、下部贴茎剪取侧枝作插穗，长2.2～8.1 cm。试验结果表明，蛭石和黄沙、蛭石、木炭灰、过筛泥土等量混合的基质有良好的促进生根效果，其中蛭石的效果更优；0.5 mg/L三十烷醇浸泡24 h、500 mg/L萘乙酸速浸5 s、爆发生根粉开蘸与清水浸24 h四种处理对插穗生根性状均未达到差异显著程度。电子间歇全光喷雾管理比设棚遮阴的薄膜全封闭管理有明显的促进生根作用，平均愈合率97%，平均生根率87%，其中混合基质中生根率达100%。

陈正日和郭淼（1983）报道，在江苏盐城进行铅笔柏扦插试验，扦插环境为电子叶间隙设备，木炭灰为基质，7月28日扦插，获得40 d生根、60 d成活、成活率达到91.7%的效果。试验还表明，扦插成活率与母树年龄和取穗部分有关，4年母树上的插穗成活率高于8年母树，并且中部枝条效果优于上部枝条。

冯殿齐（1985）报道，在山东泰安进行铅笔柏扦插试验。12月1日取18年生母树上当年硬枝作插穗，温室内用电热温床为插床，控制温度25 ℃±2 ℃，以塑料拱棚保湿，NAA浸蘸10 s的插穗生根率为42.5%，清水对照则无生根。1～5月从20年母树上取一年生枝作插穗，电子叶间歇喷雾管理，NAA浸泡10 s的插穗生根率不足5%。7月12日，取2年生母树上当年枝作插穗，纯沙为基质，在电子间歇喷雾管理下，有的插穗20 d开始生根，插后100 d时，1000 mg/L的IBA快蘸生根率为77.5%，1000 mg/L的NAA快蘸生根率为62.5%，ABT、木素酸钠处理的插穗生根率也高于清水对照的30%。10月20日取2年生母树的当年硬枝、3月取3年生母树的一年生硬枝，1000 mg/L的IBA快蘸扦插于塑料拱棚密封，加盖草帘，生根率分别为75%和84%。

综上所述，扦插育苗首先取决于树种特性，其次是插穗母树年龄和扦插环境，而在环境中，对插穗生根成活影响最大的因素是空气相对湿度、扦插基质，激素处理对插穗生根成活也有重要影响。铅笔柏属于难生根树种，国内进行的铅笔柏扦插育苗试验，大多数集中在营造适宜插穗生根成活的环境方面，其中主要措施是控制相对湿度在80%以上，选择疏松多孔的扦插基质，并进行遮阴，或营造弥雾环境进行全光育苗。许多研究者进行了不同激素处理插穗的试验，但结果各异，比较一致的是，萘乙酸和吲哚乙酸处理插穗促进生根效果更好。但大部分试验均在我国东部地区进行，气候比较湿润，易于保证扦插环境中的空气相对湿度，在气候干旱的地区条件下进行的试验尚未见报道。

三、病虫害防治

戴雨生（1986，1988，1989）报道，铅笔柏梢枯病又称铅笔柏疫病（Cedar blight），1900年在美国内布拉斯加州首次被发现。1983年在江苏省首次发现，1985

年之后，陆续在上海、安徽等省、市相继发生为害，现已被我国列入《林业危险性有害生物名单》。其病原菌是桧柏拟茎点菌（*Phomopsis juniperovoera*）。该病在我国主要为害铅笔柏和塔柏，以1～5年生苗木为主，尤其是1年生苗木更剧烈，往往引起苗木全部死亡。1984年，该病曾导致丹阳市某苗圃一块3年生移植苗全部毁灭。由于该病最终症状与非侵染性病害如干旱、冻害、涝害、药害、肥害等的症状相似，往往被忽视或误诊。室内接种试验证实，该病还能侵染柏木、绿干柏、中山柏、侧柏、千头柏、桧柏、河南桧等。经研究分析，该病并非由美国进口的种子带菌传入，而是在我国原本就存在该菌。该病最初侵染针叶，然后扩展到基部，引起组织坏死。新萌发针叶处在淡绿色阶段时，特别容易感病。针叶感病后，不久出现淡黄色病斑，继而侵入幼茎组织，导致顶梢和幼茎变成黄绿色，然后变成红褐色，最后呈灰白色。如果病斑在主干或侧枝上扩展环绕一周，会引起主干或侧枝枯死。其发生规律：在发病初期往往集中在圃地局部，呈点状或块状分布，以后逐渐向外扩散；蓝绿色刺状叶类型植株易感病且发病重，绿色鳞状叶类型植株则感病轻；在我国东南沿海地区，该病发生和蔓延高峰期在梅雨季节，即6月至7月上旬，以菌丝体在病株上越冬，翌年4月底在受害部位产生子实体，开始初次侵染，主要通过伤口侵入新发嫩梢，引起新梢枯萎，在铅笔柏秋梢生长阶段，如果降雨量多且秋末连绵，可再次造成该病流行；在低洼潮湿或积水的地段，其发病率高于排水良好的地段；生长旺盛、新梢生长快的植株发病程度也较高。提出坚持以预防为主，定期喷药、铲除发病中心、药剂防治结合人工剪除病枝、选择抗病类型、加强苗木检疫等防治策略。试验证实，多菌灵、灭病威对该病有良好的防治效果。李传道（1986）、倪民（2006）、石峰云（1987）也分别报道了各自对铅笔柏梢枯病的研究成果。

石峰云（1987）除报道了铅笔柏梢枯病（报道称为铅笔柏枯梢病）外，还报道了铅笔柏炭疽病和赤枯病。赤枯病由尾孢属巨杉尾孢菌（*Cercostora seguotae*）引起，幼叶和刺型叶感病早期呈青铜色，随后全株逐渐变成青铜色，枯死；发病严重时，植株下部枝条无针叶，仅顶梢留有绿色健康叶。铅笔柏炭疽病由刺盘孢属炭疽菌（*Collctotrichum glocosprioides*）引起，侵染叶和绿色枝茎，染病叶开始先出现褐色小病斑，不久病斑扩展引起全叶枯死；枝茎被害时先是产生褐色小病斑，不久病斑相互联合成黑色条状溃疡斑，最后病斑扩展环包枝茎一周，引起上部枝叶呈黑褐色枯死，呈梢枯状，以后成为灰白色，枝茎上褐色病斑还会向上下扩展，引起枯梢或全株枯死。炭疽菌为一种弱寄生菌，夏季高温，铅笔柏几乎停止生长时，为害往往严重。

沈百炎（1986）和戴雨生等（1986）分别报道了铅笔柏芽枯病。该病由桧三毛瘿螨（*Trisetacus juniperinus*）引起，还会侵染多种柏科树种。该螨对幼树为害严重，对成株一般为害较轻，但在园林单株上有时受害也很严重，几乎全部顶芽受害枯死。其成年雌螨蠕虫状，淡黄色至白色，狭长，体长 149～285 μm，有腹环节 70 余个。该螨以成螨在受害轻的芽中越冬，主要聚集在芽鳞基部内侧。3 月下旬气温回升后，成螨开始活动产卵。4 月下旬至 5 月上旬大量增殖，形成第一个为害高峰，嫩芽枯萎变为黑色。夏季螨口密度减少，为害轻。8～9 月间铅笔柏秋梢生长时，出现第二个为害高峰。该螨群体或散生于嫩芽的鳞片内侧，刺吸嫩芽液汁，使嫩芽枯萎干缩，呈黑色干僵的鼠粪状。嫩芽被害后，刺激其下部腋芽或不定芽萌发，形成多头丛状小枝，同时瘿螨迁移到新芽上继续为害。幼树经反复被害，长势严重减弱。刺状叶型的寄主受害严重，鳞状叶型的寄主受害较轻。试验表明，采用内吸杀螨剂效果较为理想，如氧化乐果。

戴雨生（1987）研究认为，铅笔柏芽枯病除瘿螨为害的原因外，还会引起次生菌的再次侵染，造成严重的损失。其中盘多毛孢菌（*Pestalotia*）除引起芽枯外，还会引起新梢其余部分的枯死。

徐树华和俞慈英（1996）报道。在浙江舟山海岛引种地发现 1 种由瘿螨引起的铅笔柏芽枯病，可在发生期（早春）每隔 10～15 d 用机油乳剂 500～1000 倍或三氯今螨醇 800 倍液喷洒防治效果良好。

据报道，双条杉天牛（*Semanotus bifasciatu*）在朝鲜会危害铅笔柏，但在我国主要危害圆柏属、扁柏属、侧柏属等柏科树种，尚未见危害铅笔柏的报道。此虫喜欢在被压木、风折枝等处活动，交尾产卵。幼虫蛀入林木的韧皮部及木质部为害，切断或破坏输导组织而影响水分、养分运输，轻者影响长势，重者整株枯死，造成成片毁林或"开林窗"。双条杉天牛一般与柏肤小蠹（*Phlaeosinus aubei*）共同为害，柏肤小蠹主要危害柏树的侧枝和树冠，造成柏树树冠失绿，从上至下，直至死亡；而双条杉天牛主要危害 3 m 以下的树干。目前尚无防治双条杉天牛的成熟技术。

综上所述，目前在国内已经报道的危害铅笔柏的病虫害共有 4 种，分别是铅笔柏梢枯病、芽枯病、赤枯病、炭疽病。其中尤以梢枯病危害范围最广，危害最重，被列入《林业危险性有害生物名单》，其次是芽枯病。另外，盘多毛孢菌与桧三毛瘿螨重复侵染，也可以给铅笔柏造成很大损失。由于我国也是双条杉天牛的分布区，故应严密监视该虫是否危害铅笔柏，特别是园林绿化中移植的铅笔柏大苗。

第二节　研究内容

一、铅笔柏种子育苗技术研究

目前铅笔柏种子平均发芽率只有30%。继续购进相同种源的种子，通过物理催芽和化学催芽试验重点解决铅笔柏种子发芽率低的难点，提高种子发芽率，提高产苗量，并通过苗期生长情况、表型结构等指标，分析商品种源的生产稳定性。

二、铅笔柏无性繁殖技术研究

在苗高超过平均苗高3个标准差以上的超级苗上采集活体材料，首先进行组培育苗试验，解决组培育苗问题，突破污染严重的难点；其次进行扦插育苗试验，重点解决生根难的问题。通过以上两个措施增加铅笔柏优株的繁殖系数，培育无性苗，并开展表型测定工作，为生产铅笔柏优良无性系苗提供技术支持。

第三节　研究结果与讨论

一、播种前种子预处理

供试种子为美国内布拉斯加种源。先用清水侵种24 h，控干水分后，赤霉素溶液浸种2 h，清水冲洗后控干，以清水浸种2 h为对照。处理过的种子摊放于容器中，保湿，置于冰箱冷藏柜中进行低温催芽处理，控制冰箱内温度3～4 ℃。催芽完成后，取出种子，室温下观察种子萌动情况。逐日计数种子发芽（以种皮开裂暴露种胚为度）数量。

1.第一次种子催芽试验

试验于2005年2月5日开始，设4个处理，分别是400、100、50 mg/L赤霉素溶液浸种2 h，清水浸种2 h为对照。浸泡处理后用清水冲洗后控干，摊放在容器中的湿毛巾上，折叠毛巾包裹，置于冰箱冷藏柜中进行低温催芽处理，控制冰箱内温度3～4 ℃。60 d后取出，置于实验室内观察种子萌动情况，室温14～26 ℃。统计发芽数量后，将发芽种子播种于育苗盘中，以观察记录出苗情况。育苗盘为小孔塑料盘，孔径1.5 cm，播种基质为蛭石粉，用0.5%高锰酸钾溶液淋洗消毒。

在室温下放置到第二天，各处理的种子即开始陆续发芽，其中400 mg/L赤霉素浸种处理的种子的发芽高峰出现在第3天，100 mg/L赤霉素浸种处理的种子的发芽高峰出现在第11天，50 mg/L赤霉素浸种处理的种子的发芽高峰出现在第15天，对照种子没有出现明显的发芽高峰，结果见图3-1。连续观察63 d后，试验结束。400 mg/L和100 mg/L赤霉素浸泡处理发芽率相近，差异不明显，两者均明显高于50 mg/L赤霉素处理和对照；50 mg/L赤霉素处理发芽率高于对照，差异也比较明显。播种后出苗率各处理之间差异不太明显，以100 mg/L和50 mg/L赤霉素浸泡处理为优。各处理均发生病死苗现象，以400 mg/L和100 mg/L赤霉素浸泡处理略高，结果见表3-1。

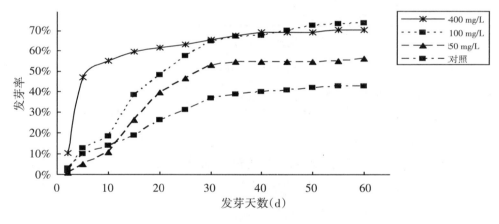

图3-1　催芽试验累计发芽率曲线

表3-1　催芽试验结果统计表（累计数）

时间(d)	400 mg/L		100 mg/L		50 mg/L		对照	
	发芽(个)	出苗(个)	发芽(个)	出苗(个)	发芽(个)	出苗(个)	发芽(个)	出苗(个)
5	69		21		15		10	
10	81		30		32		14	
15	88	9	63	2	78		19	

续 表

时间(d)	400 mg/L		100 mg/L		50 mg/L		对照	
	发芽(个)	出苗(个)	发芽(个)	出苗(个)	发芽(个)	出苗(个)	发芽(个)	出苗(个)
20	91	22	79	18	118	11	26	3
25	93	31	94	33	139	35	31	7
30	97	34	106	47	159	55	37	14
35	100	34	110	49	163	57	39	14
40	102	35	111	50	163	57	40	14
45	102	35	115	50	163	59	41	14
50	102	35	119	50	164	59	42	14
55	104	35	120	50	165	60	43	14
60	104	35	121	50	168	63	43	14

本次试验400mg/L处理的种子总数为147个，有43个未发芽；100mg/L处理的种子总数为163个，有42个未发芽；50mg/L处理的种子总数为298个，有130个未发芽；对照的种子总数为100个，有57个未发芽。由试验结果可知，赤霉素浸种有助于打破铅笔柏种子的生理深休眠，浓度以100 mg/L为好，较高浓度赤霉素浸泡处理，可以促进种子早发芽，且发芽比较集中。试验结果还说明，铅笔柏种子发芽后播种出苗率也比较低，只有40%左右，这可能与部分铅笔柏种子发育不全有关。

在第一次催芽试验中，研究发现铅笔柏种子颗粒大小差异比较显著，浸胀后的大粒种子的体积几乎是小粒种子的2倍。观察中还发现，各处理中发芽较早的均是中等大小的种子，较大、较小颗粒的种子发芽迟缓，尤其是小粒种子，至试验结束时，未能发芽的种子几乎都是小粒种子。研究分析认为，随着铅笔柏种子颗粒不同，其休眠深度存在差异，大粒种子可能休眠程度比较深，需要比较强的催芽条件才能打破休眠。特别是大粒种子发育一般比较完全，种子内贮藏的营养物质比较丰富，有利于发育成壮苗。如果催芽处理不充分，未能解除大粒种子的休眠状态，在育苗生产中无疑会造成更大损失。为此研究又设计进行了第二次催芽试验。

2.第二次种子催芽试验

用万分之一的光电天平逐粒称量，共计称量4289粒，内布拉斯加种源的铅笔柏种子平均单粒质量7.7±2.3（mg），种子大小相差悬殊，最小粒1.8 mg，最大粒20.6

mg，相差 10 余倍。单粒质量不足 5 mg 的种子占 8.56%，单粒质量大于 10 mg 的种子占 14.78%，破粒、坏粒种子占 1.17%。单粒质量主要分布在 6～8 mg 之间，呈偏正态曲线，见图 3-2。

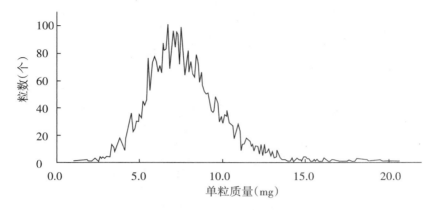

图 3-2 铅笔柏种子单粒质量分布图

通过上面的分析及图 3-2 可以看出，在铅笔柏种子中，单粒质量超过一个标准差的大粒种子占有相当比例。一般说来，大粒种子中含有比较丰富的营养，出苗健壮，解除这类种子的休眠，促进其发芽是培育铅笔柏大苗、壮苗的关键。

试验于 2005 年 6 月 23 日进行。按单粒质量将种子分为大、中、小 3 组，大粒种子组的单粒质量超过 10 mg，中粒种子组的单粒质量为 7～10 mg，小粒种子的单粒质量小于 7 mg。每组种子分别用 400、100、50 mg/L 赤霉素浸泡 2 h 处理，以清水浸泡 2 h 为对照。每个处理 100 粒种子。处理后置于垫有一层滤纸的玻璃皿中，上面再盖一层滤纸，清水湿润滤纸。玻璃皿置于冰箱中分别低温催芽处理 45、60、90 d 后，取出置于人工气候箱内发芽，控制气候箱内温度在 25 ℃、相对湿度 80% 左右。其他试验条件与第一次催芽试验相同。逐日计数发芽种子数量。结果见表 3-2、表 3-3、表 3-4。

表 3-2 不同大小种子低温催芽 45 d 试验结果统计

种子类型	处理浓度	发芽时间（d）					
		5	10	15	20	25	30
大粒种子	400 mg/L	1	2	13	13	13	13
	100 mg/L			3	3	7	7

续 表

种子类型	处理浓度	发芽时间（d）					
		5	10	15	20	25	30
中粒种子	50 mg/L			3	3	6	6
	对照						
	400 mg/L	14	15	26	26	26	26
	100 mg/L			5	5	5	6
	50 mg/L	2	2	9	11	11	11
	对照			1	4	4	4
小粒种子	400 mg/L	4	13	21	28	29	29
	100 mg/L	6	6	16	19	19	19
	50 mg/L	8	8	17	21	21	21
	对照	5	6	22	31	31	31

注：室温下5 d开始发芽。

由表3-2数据可以看出，低温催芽45 d，室温下第5天各处理的种子开始发芽。与对照相比，对于大粒种子来说，赤霉素浸种解除休眠的效果并不明显；对于中粒种子来说，赤霉素浸种解除休眠的效果明显，而且以400 mg/L的处理为优；小粒种子各处理之间发芽率差异不明显，而且对照的发芽率略高一些。15 d后，不同大小种子、不同赤霉素浸种处理的种子发芽率均趋于平缓。

表3-3 不同大小种子低温催芽60 d试验结果统计

种子类型	处理浓度	发芽时间（d）						
		1	3	5	10	15	20	25
大粒种子	400 mg/L	17	25	40	40	71	71	71
	100 mg/L	3	3	7	7	11	11	11
	50 mg/L	2	6	9	9	14	14	15
	对照	2	6	10	10	30	30	30

种子类型	处理浓度	发芽时间(d)						
		1	3	5	10	15	20	25
中粒种子	400 mg/L	6	10	27	30	44	44	44
	100 mg/L	5	7	17	17	27	27	27
	50 mg/L	5	9	19	19	34	34	34
	对照				2	7	7	7
小粒种子	400 mg/L	4	4	16	16	32	32	32
	100 mg/L	10	16	33	33	46	46	48
	50 mg/L	3	4	10	15	23	23	26
	对照			2	2	7	7	11

注：室温下当天发芽。

由表3-3数据可以看出，低温催芽60 d，室温下当天各处理的种子开始发芽，其中400 mg/L赤霉素浸种处理的大粒种子和100 mg/L赤霉素浸种处理的小粒种子当天发芽数量较多。对于大粒种子来说，400 mg/L赤霉素浸种效果比较明显，但100 mg/L和50 mg/L浸种的发芽率反而比较低；对于中、小粒种子来说，赤霉素浸种均有明显效果，400 mg/L浸种对中粒种子、100 mg/L浸种对小粒种子的催芽效果更好一些。15 d后，不同大小种子、不同赤霉素浸种处理的种子发芽率均趋于平缓。

表3-4　不同大小种子低温催芽90 d试验结果统计

种子类型	处理浓度	发芽时间(d)					
		1	3	5	10	15	20
大粒种子	400 mg/L	14	41	41	45	45	53
	100 mg/L	40	58	65	69	72	75
	50 mg/L	22	31	36	45	45	48
	对照		22	40	51	53	55
中粒种子	400 mg/L	33	78	80	83	83	89
	100 mg/L	15	37	40	42	42	48
	50 mg/L		9	18	36	53	62
	对照	30	68	72	80	80	80

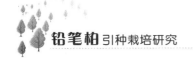

续 表

种子类型	处理浓度	发芽时间(d)					
		1	3	5	10	15	20
小粒种子	400 mg/L	21	21	29	34	34	36
	100 mg/L	12	62	76	78	82	83
	50 mg/L	44	69	73	76	77	77
	对照	61	72	78	78	78	78

注：室温下当天发芽。

由表3-4数据可以看出，低温催芽90 d，室温下当天各处理的种子即开始发芽，尤以小粒种子发芽迅速，当天发芽种子即已超过半数。对于大粒种子来说，100 mg/L赤霉素浸种的发芽率明显高于对照，400 mg/L赤霉素浸种的小粒种子、100 mg/L赤霉素浸种的中粒种子发芽率反而明显低于对照，其他处理的发芽率与对照的差异不明显。5 d后，不同大小种子、不同赤霉素浸种处理的种子发芽率均趋于平缓。未经赤霉素浸种处理的对照也有较高的发芽率。

比较表3-2、表3-3、表3-4可以看出，对不同大小的种子来说，都表现为低温催芽时间越长，发芽率越高，低温催芽90 d可以完全解除铅笔柏不同大小种子的休眠。与低温催芽45 d和60 d的处理相比，低温催芽90 d的处理，种子发芽可提早10 d左右，前5 d大部分种子即已发芽。在低温催芽能够解除种子休眠的情况下，赤霉素浸种则有利于促进种子提早发芽，但400 mg/L赤霉素浸种有降低中、小粒种子发芽率的趋势。

本次试验还发现一个值得注意的现象。试验中将剩余种子浸种后盛于玻璃瓶中，与试验种子同置于冰箱中，此后再未注意。大约5个月后，发现这部分一直存放于冰箱中的种子已经发芽，半数种子生出胚轴和胚根，长约3 cm。冰箱一直启动未曾关闭，箱内湿度一直控制在5 ℃左右。据文献介绍，种子需在12 ℃以上发芽，而这一现象明显与文献不同。这可能与铅笔柏的树种特性有关，即铅笔柏种子只要解除生理休眠后，可以在较低的温度条件下发芽。这一现象与本研究种子育苗中所发现的低温催芽期间种子发芽的现象相似，说明要准确掌握低温催芽时间，否则会导致种子在低温催芽期间发芽而影响出苗率。

二、种子实生苗繁育

在铅笔柏引进研究中，我们发现从美国引进的商品种子，按照资料中提供的催芽方法处理后，发芽率比较低，只有30%左右。同时，研究还试验了其他几种催芽方法，效果均不理想，经过几种催芽方法处理的铅笔柏种子发芽率也只有30%左右，而活力测定表明，引进的铅笔柏种子70%以上具有生理活力，两者相差达40%，说明还有大量具有活力的种子没有解除休眠状态，导致播种之后不能正常发芽。

由于铅笔柏种子价格昂贵，发芽率低会造成大量种子的浪费，从而增加了种子育苗成本，不利于在生产中推广应用这一树种。为此，本研究将提高铅笔柏种子发芽率作为一项重要的创新研究内容。

经过文献资料分析，研究认为，铅笔柏种子休眠属于生理性深休眠，要解除这种深休眠，需求一定时间的低温处理，也即后熟过程。另外，许多研究证明，赤霉素具有解除植物芽体和种子生理性休眠状态的作用。资料还介绍，在自然条件下，植物休眠结束后开始萌发时，体内赤霉素水平都会增加。关于休眠的诱导，一般都是以脱落酸为主体的一些物质参与诱导休眠活动，及至休眠末期，抑制物质亦随之而减少。因此，休眠现象至少有一部分是与赤霉素和抑制物质之间的均衡有关。欧洲榛种子收获后处于休眠状态，在0～5 ℃温度下埋藏12周左右，后熟过程就结束，开始发芽，与对照相比，经低温处理6周或12周的欧洲榛种子的提取物中都能测量出赤霉素。种子在后熟过程中，也有赤霉素含量增加的，如落花生、欧洲白蜡等。对欧洲榛种子的低温处理，就是对赤霉素合成系统的激活和诱导。经过低温处理的种子即使放在常温下也能继续合成赤霉素。马铃薯块茎休眠时，赤霉素含量很少，但在开始发芽时，赤霉素含量急剧上升。有人认为，马铃薯块茎和芽中，存在的赤霉素都是中性的，这些中性赤霉素在常温下就可转变成其他更有活性的赤霉素，从马铃薯上的赤霉素存在形态来看，在休眠期间，其赤霉素可能是以某种非活性贮藏态而存在的，在发芽时期就变成活性态。

通过综合分析，我们认为，赤霉素加低温层积处理有望提高铅笔柏的催芽效果，提高铅笔柏种子的发芽率。

铅笔柏种子消毒用0.5%高锰酸钾水溶液，浸泡种子30 min，或用0.5%的福尔马林溶液浸泡种子15 min，然后用清水冲洗干净，再将种子用赤霉素低温层积处理90 d。

铅笔柏育苗一般春播，由于各地气候不同，播种期为3月下旬到4月中旬，适当早播，利于苗木发育。

播种方式可采用条播和点播两种方式，一般采用条播，便于管理。条播时播幅

10～15 cm，行距 20～30 cm。播种深度 0.5～1.0 cm 之间，不可过深或过浅。每亩播种量 6.5 kg，相当于条播时 1100～1300 粒/m²。每亩产苗量为 10 万株左右。铅笔柏播种后一般不覆盖，如有条件可加盖地膜，以保湿保温促进种子发芽。

种子发芽期需水量不多，但土壤要保持湿润，采用洒水或少量灌水的方法，保持床面湿润，切忌大量灌水。

小苗出土后 30～50 d，应少灌水或不灌水，以促进根系发育，并可防止立枯病的发生。幼苗稳定生长期（即小苗出土 150 d 后）需水量增多，要保证水分供应，同时，应注意排水，要做到"保湿润、防水淹"，以促进幼苗生长。

应注意，铅笔柏幼苗的耐淹力差，及时做好苗圃排水工作。土壤封冻前 6～8 周灌足过冬水。

第二年留床苗对水分需求要高于第一年苗，因此要加大灌水量，但灌溉的间隔期可适当延长。

在雨季之前，苗圃杂草较少，应着重松土，以保持土壤水分，改善土壤通气状况，促进苗根发育。雨季后杂草丛生，应及时除草。灌水或大雨后应及时松土、以蓄水保墒。

间苗应在雨季前进行，去掉病弱苗和丧失顶芽的苗木，要力求使播种行中的留存苗分布均匀，以充分利用地力。间苗后要及时灌水，保证留床苗的正常生长。

铅笔柏苗出齐后用 0.5%～1% 的硫酸亚铁溶液喷洒苗木，30 min 后用清水冲洗，可预防铅笔柏苗猝倒病的发生，或用等量波尔多液喷洒苗木，也可起到良好的防治效果。

铅笔柏苗出现猝倒病危害时，用浓度为 2%～3% 的硫酸亚铁溶液每隔 7～10 d 喷洒苗木一次，连续 4 次即可。

一年生幼苗易遭受冻害，防止冻害的有效方法是多次灌水，在当年 11 月初、11 月下旬、12 月中旬、次年 3 月底、4 月中旬各灌一次水，水面要漫过床面。

2005 年春季，研究通过北京科技股份有限公司购进美国内布拉斯加种源的铅笔柏种子 100 kg，种子活力 71%。内布拉斯加位于美国中部大平原地区，冬季寒冷，夏季炎热，1 月平均气温-6.3 ℃，7 月平均气温 24.1 ℃，有记录以来的最高气温为 48 ℃，最低气温为-44 ℃，年平均降水量 500 mm，与甘肃省河东地区的气候相似程度较高，除比较湿润以外，气温条件也比较恶劣，这些因素说明，该地的铅笔柏种源比较适宜甘肃省河东地区的地理气候条件。

2005 年 4 月 11 日，取铅笔柏种子约 14 kg，清水浸泡 24 h，捞出控干水分后用赤霉素溶液浸种2 h后控净药液，装入沙袋中。另用育苗筐装蛭石粉约4 cm，将装有铅笔柏种子的纱袋摊平置于育苗筐中央，上覆蛭石粉至筐顶，纱袋上下及四周的蛭石粉各厚约4 cm。蛭石粉事先经0.5%高锰酸钾溶液淋洗消毒。然后洒水浇透蛭石粉，控干水分，再用双层纱布将育苗箱包裹以保持整洁，放入低温冰箱中进行低温处理。冰箱为自动控温低温冰箱，自控温度范围为-40～-15 ℃。由于低温冰箱自控温度范围超出种子低温层积处理所需的最低温度范围，研究便采用手动办法控制冰箱温度。经过试验，每日早晚各启动冰箱制冷机30 min，使冰箱温度降至-6～-5 ℃，然后关闭制冷机，使冰箱内温度缓慢升温。柜内于不同位置放置两个温度计，逐日记录启动前后的冰箱面板温度读数及柜内温度计读数，以严格控制温度。制冷之后面板读数与柜内温度计读数有一定差异，1 h之后逐渐一致。为避免柜内升温过快，在冰箱内置水约60 kg，每日用另一台冰箱冻制冰块约5 kg，置于冰箱水盆内以控制升温。经过这些办法，处理初期，基本上可以把冰箱内的温度控制在-6～8 ℃之间，随着种子呼吸作用的增强，处理后期，最高温度会升到15 ℃左右。处理期间定期洒水以保持蛭石粉湿润，确保种子湿润。处理75 d后，即6月23日，检查发现种子露白，部分种子已经生出胚根。6月29日时携往天水市秦州区三阳苗圃播种。

播种基质由农田耕作土、蛭石、河沙和农家肥按5∶3∶2∶2比例配制，并混拌少量磷肥和美国二铵，0.5%高锰酸钾加1%硫酸亚铁溶液消毒。容器袋为聚乙烯无底圆筒塑料袋，规格6 cm×18 cm，容器袋填装基质后，摆放于日光温室的育苗床上，浇透水待稍干后播种。床宽1 m，长12 m。播种前苗床上方搭建遮阴网遮阴。为确保每袋出苗，每袋播种3～5粒，种子覆土3 cm后压实。6月29日开始播种，7月2日播种完毕，共计播种45床，14万袋。播种初期，每日早晚各用细眼喷壶洒水一次，每隔10 d喷施一次1%硫酸亚铁溶液和百菌清，防治幼苗立枯病，出苗整齐后逐步减少浇水次数，其他管理措施与常规育苗相同。

7月10日开始出苗，22日达到高峰，8月3日出苗停止。容器袋有苗率接近100%，平均每袋有苗3～5株，仅个别袋内未见出土幼苗。

当年11月15日温室覆盖塑料棚膜，进入冬季管护阶段。2006年4月上旬逐步揭除棚膜，继续进行夏季管护，11月底再次覆盖棚膜。2006年夏季进行间苗，每袋保留2～3株，间出的幼苗移植于空袋中，其余幼苗则移植于上方有树木遮阴的大田中。大田移植的芽苗当年成活率约60%，但生长不良，移植当年几乎没有生长。2007年春季揭除棚膜炼苗后出圃造林，共出圃11万袋。有部分苗木枯死，平均枯

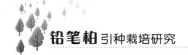

死率2.88%。

2007年4月2日出圃前抽样调查苗高，共抽查两个苗床，两床相邻，位于温室中间，各抽查80株，一床抽查的是生长比较好的区域，另一床抽查的是生长较差的区域，平均苗高分别为33.2 cm和14.9 cm，最大苗高达到78.4 cm。各苗床苗木生长差异较大，其中位于温室中间的苗木生长较差。各个苗床中苗高大于60 cm的超级苗数量差异较大，最高1床为117株，最低1床为22株，平均为61.1株。结果见表3-5。

表3-5　种子育苗出圃前苗木调查表

苗床编号	苗高（cm）										平均苗高（cm）
第5床	39.6	37.4	27.2	12.0	19.0	17.0	17.5	31.0	39.7	28.0	33.2
	30.7	31.6	42.6	35.0	38.0	36.2	41.3	52.0	44.0	36.7	
	45.4	48.0	41.0	37.0	44.7	47.8	51.0	40.5	35.6	38.1	
	78.4	23.4	25.4	51.2	12.0	16.0	22.5	25.6	16.4	14.7	
	23.4	25.0	10.4	11.5	9.0	10.0	27.3	31.5	38.3	10.4	
	13.1	20.3	26.4	24.0	13.3	47.5	43.5	18.7	15.3	37.8	
	32.4	29.0	49.4	48.5	52.6	22.0	37.5	38.6	35.0	29.4	
	21.5	56.3	24.7	41.0	31.5	61.0	60.5	52.8	31.5	76.0	
第6床	13.5	13.0	11.5	16.0	21.5	11.5	10.0	14.0	22.5	12.0	14.9
	11.0	10.0	11.0	16.0	14.0	9.0	13.0	14.0	15.0	14.5	
	12.0	12.0	11.0	8.0	15.0	19.0	11.0	13.0	8.0	10.5	
	16.0	10.0	14.0	42.5	10.0	22.0	13.0	8.0	9.5	22.0	
	25.0	13.5	12.0	16.0	10.0	10.0	11.5	11.5	24.0	13.0	
	12.0	10.0	13.0	17.0	18.5	48.5	12.0	6.5	10.0	22.5	
	23.5	18.0	7.5	18.0	21.5	30.5	48.0	9.0	11.0	6.5	
	11.5	16.5	11.0	12.5	9.0	14.0	11.5	11.0	10.0	15.0	
超级苗											
单床数量（连续17床）											平均
29	117	88	44	75	22	61	39	48	82		61.1
62	61	81	52	47	46	84					

三、种子育苗研究小结

总结两次种子处理试验和一次育苗生产实践，并结合文献分析，低温催芽是解除铅笔柏种子休眠的关键因素，必须达到60 d以上，赤霉素浸种有一定辅助作用。大粒铅笔柏种子的休眠程度较深，高浓度赤霉素浸种与低温催芽相结合是解除大粒种子深休眠的有效措施。当低温催芽时间足以解除种子休眠时，高浓度赤霉素浸种能够促进大粒和中粒种子的提早发芽且发芽比较集中，但会降低小粒种子的发芽率。由于小粒种子营养较少，出苗较弱，降低其发芽率在生产上是可行的。

两个条件结合即以400 mg/L赤霉素浸种加70 d左右的低温催芽为宜，可保证铅笔柏种子出苗率达到80%以上，并且发芽早，出苗整齐，有效促进大粒种子发芽成苗，优苗、壮苗比例高，可以在铅笔柏苗木生产中推广使用。

四、无性繁殖技术研究

在引进种子研究中，发现种子繁殖的铅笔柏树形变异很大，有的树冠呈松散的圆锥状，有的则呈紧凑的圆柱状而且生长迅速，少量幼树冠形优美、叶色浓绿，是非常理想的园林绿化株形。由于实生树中优良株形数量少，难以在生产中规模化培育园林绿化用苗，唯一途径就是攻克铅笔柏无性繁殖关，利用无性繁殖技术批量化生产绿化用优良株形的苗木。

1. 铅笔柏组培育苗研究

（1）材料与方法

组培用的各种玻璃器皿要严格清洗。先用洗涤剂洗净油污、重金属离子、酸、碱等有害物质，然后流水冲洗至少三遍，再用蒸馏水冲洗，晾干备用。组培瓶使用前进行高压蒸汽灭菌。

采用1/2MS培养基，适当增加蔗糖用量。各种营养成分用量及母液体积见表3-6。配制混合母液时确保各化合物充分溶解后才能混合，混合时注意先后顺序，将钙离子与硫酸根离子、磷酸根离子错开，以免产生沉淀。铁盐单独配制成100倍母液，以免与其他无机元素形成沉淀。植物激素、维生素和氨基酸类等有机化合物，分别配成单独母液。配制好的母液置于2~4 ℃的冰箱中保存备用，贮藏不宜过长，超过三个月或出现浑浊、沉淀及霉菌等现象时，则重新配制。

表3-6 MS培养基母液配制表

母液种类	成分	称取量（mg）	母液体积（mL）	每升培养基取量（mL）
大量元素混合母液	NH_4NO_3	16500	1000	50
	KNO_3	19000		
	$CaCl_2 \cdot 2H_2O$	4400		
	$MgSO_4 \cdot 7H_2O$	3700		
	KH_2PO_4	1700		
微量元素混合母液	H_3BO_3	620	1000	10
	KI	83		
	$MnSO_4 \cdot 4H_2O$	2230		
	$ZnSO_4 \cdot 7H_2O$	860		
	$Na_2MoO_4 \cdot 2H_2O$	25		
	$CuSO_4 \cdot 5H_2O$	2.5		
	$CoCl_2 \cdot 6H_2O$	2.5		
铁盐单配母液	$FeSO_4 \cdot 7H_2O$	2780	1000	10
	Na_2EDTA	3730		
维生素单配母液	肌醇	10000	100	10
	烟酸	50	100	1
	甘氨酸	200	100	1
	盐酸硫胺	10	100	1
	盐酸吡哆素	50	100	1

配制培养基时，先量取大量元素混合母液，再依次加入微量元素混合母液、铁盐母液、有机成分母液，然后加入植物激素及其他附加成分，制成混合液。另取适量琼脂和白砂糖，用蒸馏水加热烧开熔化琼脂。蔗糖浓度为3%，琼脂0.6%，待琼脂完全熔化加入混合液，用0.1 mol的NaOH或HCl调pH至5.6~5.8，最后加水定

容制成培养基。培养基分装于锥形培养瓶，用高压蒸汽消毒的牛皮纸包裹棉球封口，置于灭菌高压锅内用三次放气法灭菌，即在0.05 MPa下放三次气，在0.1 MPa下维持25 min。高压蒸汽灭菌后，取出培养瓶室温下自然冷却，待培养基凝固后备用。

外植体取自天水三阳苗圃留圃培育的铅笔柏实生苗的健壮植株，树龄3～4年，树高1～1.5 m，晴天中午或下午剪取枝条包于湿纱布中带回实验室。室内先将枝条在自来水下冲洗除去灰尘，再用柔软毛刷蘸洗涤剂仔细刷洗枝条，最后用自来水反复冲洗干净后在枝条上剪取小枝，长5 cm左右，以能放入灭菌瓶为宜。小枝置于灭菌瓶中加次氯酸钙饱和溶液浸泡15～40 min，倒掉次氯酸钙饱和溶液，加0.1%氯化汞溶液杀菌5～15 min，倒出灭菌剂用无菌水冲洗3～5次，冲洗次数视消毒时间而定。灭菌时严防小枝失绿现象的发生。

接种刀、剪、镊等用具使用前进行高压蒸汽灭菌。接种室、培养室采用紫外线灭菌灯照射30 min灭菌。操作人员进入接种室和培养室前洗手，换上消毒衣帽、口罩和工作鞋，用75%的酒精擦手消毒，在超净工作台上进行接种操作。在经过灭菌处理的小枝上剪取长约2 cm的带小侧枝枝段作为外植体，将培养瓶在酒精灯火焰附近取盖，迅速将外植体植于培养基上加盖，即完成1瓶的接种工作。每次使用接种刀、剪、镊时，均在酒精灯火焰上灼烧灭菌。

接种后的培养瓶置于培养室玻璃培养架上，室温20～35 ℃，空气相对湿度50%～60%，气温较高时地面洒水降温。每日观察记录培养瓶内植株变化情况，移除出现霉菌污染培养瓶。接种后每隔30 d，移瓶继续培养观察。

（2）试验处理与结果

①预备试验

试验于2005年3月12日进行。小枝先用次氯酸钙饱和溶液浸泡15 min，再用0.1%氯化汞溶液杀菌5 min。培养基内添加萘乙酸和吲哚丁酸，各分高低两个浓度，共4个处理，其他成分相同。

接种后第6天，部分培养瓶内出现霉菌污染。接种后10 d时，大部分培养瓶内发生霉菌污染。观察发现，污染菌可分为两大类，一类为霉菌，菌丝发达，菌斑呈绒毛状、絮状，灰白色至深灰色，界限不明显，伴有深色的孢子，该类霉菌生长极其迅速，3 d就可充满培养瓶，开瓶时可闻到明显发霉的气味；另一类为红斑菌，分布于培养基表面，呈圆形斑块，界限比较明显，淡红色黏液状，有光泽，个别菌斑略见稀疏菌丝，该类菌生长较缓，但一周时间也可布满培养基表面，开瓶时可闻到发酵气味。一般黑霉菌比红斑菌出现早，两种污染菌有时共生。红斑菌似乎有传染性，红斑菌污染的邻近培养瓶也会很快出现红斑菌污染。接种后15 d时，外植体开始出现生长迹象，霉菌污染瓶中的外植体也出现生长迹象，而且数量比较多、生长比较明显，但很快就被霉菌菌丝包围窒息而死。接种后30 d时，每个处理均只剩下1～3瓶，达不到移瓶要求，继续培养观察，各处理间外植体的生长情况无明显差异。接种后50 d时，全部培养瓶污染殆尽，期间观察到长势最好的外植体新梢生长约1 cm。

②外植体消毒技术试验

试验于2005年7月2日进行。选取母株上当年生新梢制备外植体。以小枝不同消毒灭菌时间为试验对象，次氯酸钙饱和溶液浸泡时间设25、30、35、40 min 4个水平，0.1%氯化汞浸泡时间设5、8、10、12、15 min 5个水平，全交叉试验，共计20个处理。培养基中添加萘乙酸，其他条件与预备试验相同。

试验结果与预备试验相似。接种后第4天开始出现污染。接种后30 d时，大部分处理的培养瓶全部污染，次氯酸钙饱和溶液浸泡35min+氯化汞浸泡10 min的处理效果较好，接种30 d时剩有11瓶没有污染，移瓶后继续培养观察，培养至78 d时污染殆尽。试验期间观察到外植体最大新梢生长量约1 cm。

③激素效应试验

试验于2006年9月12日进行。选取四年生母株上当年新梢制备外植体，枝条常规清洗后剪取小枝，置于消毒瓶中用次氯酸钙饱和溶液浸泡35 min+0.1%氯化汞溶液浸泡10 min灭菌，消毒液中加入0.1%吐温-20，以降低枝叶表面张力，提高消毒效果。培养基中添加植物激素，共3种处理，分别是萘乙酸、吲哚丁酸及两者混合剂，其他条件与预备试验相同。

试验结果与预备试验相似，效果略好一些。接种后30 d时，大部分培养瓶发生污染，其中3个处理剩余31～38瓶不等，分别移瓶继续培养观察。接种后60 d时，3个处理剩余9～16瓶不等，而且外植体的生长迹象也不明显，再次移瓶继续培养观察。到接种后110 d时，全部试验剩余4瓶没有污染，其中外植体新梢生长量约2 cm。

（3）组培育苗研究小结

三次试验中均没有发现外植体形成愈伤组织，更无生根和丛生枝现象，新梢生长中也没有新的分枝形成。

根据阔叶树种组培育苗的试验经验，组培育苗共有四个关键环节：一是获得无菌初代外植体，二是获得扩生外植体，三是扩生外植体生根，四是生根组培苗出瓶炼苗。扩生外植体由初代培养的外植体上分生的新芽或新枝分切而成。其中第一个环节，即无菌初代外植体需要把植物活体材料经过30 d以上的初代组培时间，分选出没有发生菌类污染的外植体移瓶培养而获得，其难点在于彻底杀灭取自母株的活体材料上携带的菌类孢子。

本研究在反复组培育苗试验中发现，接种后不久均出现较高的菌类污染率，而且移瓶后仍会发生污染，未能获得有效无菌初代外植体。研究分析认为，铅笔柏枝条细弱，芽体细小，苞叶比较紧凑，叶表皮带有油脂、易黏附灰尘及菌类孢子，难以刷洗干净，尤其是叶腋处更难刷洗。用次氯酸钙饱和溶液和氯化汞浸泡灭菌时，由于铅笔柏枝条表面粗糙，刺叶与枝干夹角小，会形成细小气泡，而降低灭菌效果，残留的少量菌类孢子在培养瓶内高湿度的环境下萌发并迅速长满瓶腔，窒息杀死外植体，这是培养瓶中菌类污染率高的主要原因。其次，试验条件相对简陋，操作室、接种室和培养室密封性能差，室内环境达不到无菌的要求，难以避免操作中二次污染的发生。培养室内没有空调设备，夏季室温高达30 ℃，有利于菌类孢子的萌发和生长，也是污染率高的原因之一。

通过组培育苗试验，得出初步结论：

①制取铅笔柏无菌初代外植体难度大，制取量少而且仍难控制菌类污染的发生。控制铅笔柏组培育苗中的菌类污染难度大，技术尚不稳定。

②制取铅笔柏扩生外植体周期长而且扩繁系数低。铅笔柏外植体不易形成愈伤组织，无丛生枝形成，而且生长缓慢，培养时间超过100 d时，嫩梢生长量也只有2 cm左右，而且没有新的分枝形成，还不能用来制取扩生外植体。

以上两点说明，就研究的试验来说，采用与阔叶树相似的技术路线，即外植体消毒→初代培养→分株生根→炼苗，其繁殖系数也很低，导致育苗周期大大延长，成本增大，难以进行商业化生产。这一结论与其他学者的研究结果相同（曹孜义等，2002）。目前技术条件下通过初代培养—继代培养—生根—炼苗的技术路线进行铅笔柏组培育苗，还需要更多应用基础研究的支持。另一方面，铅笔柏分枝多，侧芽丰富，采用微扦插方式，将微小的活体材料一次性培育成苗，是比较可行的技术路线，同样可以实现大量繁殖无性苗木的目的。

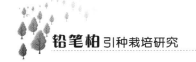

2. 铅笔柏扦插育苗研究

（1）材料与方法

插穗取自天水三阳苗圃留圃培育的铅笔柏实生苗的健壮植株，树龄3～4年，树高1～1.5 m。晴天中午或下午剪取枝条，先浸泡于清水中，足量后用湿纱布包裹带往试验现场。现场按试验设计制取插穗，插穗下端削成马耳形斜面，化学药剂浸泡处理后扦插。扦插基质根据试验而定，扦插之前基质用高锰酸钾溶液淋洗消毒。扦插后每隔半月喷施一次杀菌剂，其他管理措施随试验而定，不定期观察记录插穗生长及愈伤组织形成情况。

（2）试验处理与结果

①第一次扦插育苗试验

试验于2005年3月13日在实验室内进行。插穗母株3年生，分2个处理，一个处理是剪取完全木质化的枝条中段，保留2个侧枝用作插穗，穗干长10 cm；另一个处理为剪取枝条上部的嫩梢部分作插穗，穗干长15 cm。扦插基质为蛭石粉，装于塑料育苗筐中，筐长45 cm，宽30 cm，深20 cm。扦插前用0.2%高锰酸钾溶液淋洗蛭石粉消毒。带回实验室的枝条先浸泡于清水中，剪取插穗后立刻扦插，插深5 cm。扦插完毕后喷清水湿润枝叶。共计扦插3筐，置于窗台上培育，育苗筐上搭建塑料小拱棚保持空气湿度，每日中午揭棚30 min通风降温，根据枝叶水分状况及室内温度情况，向插穗喷雾以保持枝叶湿润。扦插后每隔15 d喷施一次百菌清500倍液，每隔20 d浇一次营养液，营养液配方同于组培试验。根据基质水分状况及时浇水。

扦插后10 d时，发现部分插穗出现芽萌动迹象。扦插后14 d时，大部分插穗呈现出明显的生长迹象。扦插后20 d时，部分插穗的新梢生长量达到1 cm。扦插后40 d时，部分插穗的末级小枝出现褪色失绿现象，继而发黄，稍触即脱落。仔细观察后发现，落枝的断面处有离层形成。扦插后50 d时，枯黄落枝现象更严重，部分插穗全株枯死。扦插后60 d时，半数以上的插穗枯死，存活插穗没有观察到愈伤组织形成及生根现象，两种处理之间没有明显差异。扦插后120 d时，仅个别插穗存活并生根，移栽于花盆中继续观察，总计生根率不足5%。

有从事扦插育苗工作的同志向研究人员介绍，在实践中发现，许多枝叶生长迅速的插穗反而生根缓慢，甚至最终枯死，也就是说插穗枝叶的生长不利于新根的形成。结合第一次试验，研究分析认为，插穗新梢生长可能会过多消耗插穗内贮藏的养分，并增加蒸腾量，不利于插穗存活，并考虑到铅笔柏生根困难，为此设计第二次试验进行改进。

②第二次扦插育苗试验

试验于2005年7月20日在实验室内进行。插穗母株3年生，剪取完全木质化的枝条中段，长10 cm，保留2个侧枝用作插穗，穗干部分长15 cm。插穗分别用吲哚乙酸、萘乙酸、生根粉、比久、矮壮素、多效唑溶液浸泡2 h，浓度均为100 mg/L，共6个处理。其他试验条件与第一次试验相同。共计扦插4筐。插后管理与第一次试验相同。

结果与第一次相似，新梢生长略弱于第一次试验。扦插后60 d时，大部分插穗枯死。扦插后120 d时，仅个别插穗生根成活。

③第三次扦插育苗试验

试验于2006年5月17日在天水市三阳花木公司的全自动自控温室中进行，室内温度25 ℃左右，相对湿度70%。插穗母株4年生，剪取完全木质化的枝条中段，保留2个侧枝用作插穗，穗干长15 cm。插穗用吲哚丁酸、萘乙酸、生根粉6号、多效唑、矮壮素5种化学药剂处理，每种药剂分1000 mg/L速蘸和200 mg/L浸泡2 h两个水平，清水浸泡2 h为对照，共计11个处理。扦插于45孔塑料育苗盘上，孔径4 cm，深7 cm，每孔扦插一穗。扦插基质为德国生产的泥炭土和珍珠岩混合物，疏松多孔，保水性能良好。共计扦插45盘，2025个插穗。扦插后日常管护工作委托当地温室工作人员负责，每天上午和下午各喷洒浇水一次，每隔15 d喷施一次杀菌剂和营养液。

当年6月7日观察，个别插穗枝叶出现枯黄现象。当年9月12日观察，插穗存活情况优于第一、二次室内试验，存活率在50%～70%之间，各处理间插穗存活率差异不明显，部分插穗叶色枯黄，抽查未见存活插穗形成愈伤组织。当年11月7日观察，存活插穗进入冬态，叶色呈暗红褐色，总体存活率50%左右，抽查发现半数以上的存活插穗形成愈伤组织。次年3月31日，试验结束，全面调查统计试验结果，见表3-7。

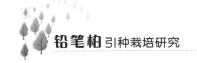

表3-7　全自动自控温室扦插试验结果统计表

处理	存活插穗/个	存活率/%	愈伤组织/个	愈伤组织形成率/%	生根插穗/个	生根率/%	存活生根率/%	总生根数/条	平均生根数/条	插穗总数/个
生根粉6号速蘸	106	58.89	78	43.33	28	15.56	30.43	92	3.29	180
吲哚丁酸速蘸	61	33.89	540	27.78	11	6.11	21.57	51	4.64	180
萘乙酸速蘸	97	53.89	74	41.11	23	12.78	38.98	59	2.57	180
多效唑速蘸	99	55.00	80	44.44	19	10.56	27.14	0	3.68	180
矮壮素速蘸	98	54.44	79	43.89	19	10.56	31.15	61	3.21	180
生根粉6号浸泡	40	22.22	34	19.89	6	3.33	31.58	19	3.17	180
吲哚丁酸浸泡	54	30.00	41	22.78	13	7.22	22.41	58	4.46	180
萘乙酸浸泡	58	32.22	43	23.89	15	8.33	37.09	44	2.93	180
多效唑浸泡	70	38.89	57	31.67	13	7.22	24.53	53	4.08	180
矮壮素浸泡	62	34.44	52	24.89	10	5.56	34.48	29	2.90	180
清水浸泡	124	55.11	99	44.00	25	11.11	23.58	106	4.24	225
总计	869	42.91	687	33.93	182	8.99	28.35	642	3.53	2025

　　总计存活率42.91%。速蘸处理的存活率略优于浸泡处理，前者平均存活率为51.22%，后者平均存活率为31.56%，相差20个百分点，清水浸泡处理的插穗存活率为55.11%，与速蘸处理相当。吲哚丁酸速蘸与浸泡处理的存活率无明显差异，其他药剂处理的存活率均表现为速蘸高于浸泡。各速蘸处理之间，除吲哚丁酸之外，存活率无明显差异。各浸泡处理之间，除生根粉之外，存活率无明显差异。生根粉6号速蘸处理的存活率最高，为58.89%，生根粉6号浸泡2 h处理的插穗存活率最低，为22.22%。

　　总计生根率8.99%。各处理间的生根率变化趋势与存活率一致。速蘸处理的生根率略优于浸泡处理，前者平均生根率为11.11%，后者平均生根率为6.33%，相差近5个百分点，清水浸泡处理的插穗生根率为11.11%。生根粉6号速蘸处理的插穗生根率最高，为15.56%，生根粉6号浸泡2 h处理的插穗生根率最低，为3.33%。吲哚丁酸速蘸生根率低于浸泡处理，其他药剂处理的生根率均表现为速蘸高于浸泡。

以存活插穗为基数计算生根率，则各处理间差异不明显，从21.57%～38.98%之间不等，无论是速蘸还是浸泡处理，萘乙酸处理的存活生根率均较高，分别为38.98%和34.09%；清水浸泡处理的插穗存活生根率较差，为23.58%。平均生根数3.53条，各处理间差异不明显，以吲哚丁酸速蘸和浸泡处理的生根数量较多。生根粉6号速蘸处理的插穗最长根达到41.5 cm，萘乙酸速蘸处理的插穗最长根达到36 cm，其他处理的最长根均为20 cm左右。

总计愈伤组织形成率33.93%，各处理间的变化趋势与存活率一致。相对来说，速蘸处理的插穗愈伤组织形成率优于浸泡处理，以多效唑、矮壮素和生根粉6号速蘸处理最优。观察发现，分化生根的愈伤组织一般中等大小；有些插穗的愈伤组织体积非常大，但没有分化生根，这样的插穗一般存活良好，扦插基质比较干燥时也能存活；愈伤组织除形成于穗干下切口处外，如果靠近下端切口的穗干皮层被拉伤，特别是剪去下部侧枝时，操作不当而将侧枝从穗干上撕下，留下的伤口也会形成愈伤组织，但侧枝剪口没有发现有愈伤组织形成；如果穗干下端的皮层自切口向上腐烂但仍处于扦插基质中，腐烂与健康交界处的皮层会略微膨大，似有愈伤组织形成，可能属于刺激愈伤组织性质，但一般不会分化生根；枯死插穗处于基质内的穗干皮层全部腐烂。除愈伤组织分化生根外，部分插穗的根系由穗干皮层生出，生根点位于皮层凸起上，也有些插穗愈伤组织分化生根和皮层生根共存。

插穗生根除数量和根长的差异外，根的质量也有差异。一类根比较粗，部分由插穗下端切口愈伤组织分化形成的根，根的直径较大，约2 mm，但组织疏松类似于海绵，分枝较少，易在根基处折断，基质干燥时，这种根也比较容易枯死；另一类根比较细，生于皮部的根都属于这一类型，也可以由愈伤组织分化而成，这类根直径较小，不足1 mm，但组织致密充实，分枝较多，不易折断，无枯死现象。如果生根插穗的根全部属于粗而疏松型，移植时易造成断根影响成活。

④第四次扦插育苗试验

试验于2006年5月18日在天水市三阳苗圃树荫下进行。该处海拔1084.2 m，年平均气温11.1 ℃，极端高温37.2 ℃，极端低温−17.6 ℃，年相对湿度69%，年降水量496.5 mm，年蒸发量1297.5 mm，全年日照时间2032.5 h，灌溉条件良好。上方树木为移植二次培育的美国红栌，树高3 m左右，树冠层完全郁闭。扦插基质为农田耕作土、蛭石、河沙和农家肥按5∶3∶2∶2比例混合物。所用插穗为第三次试验中剩余的嫩梢部分，长15～20 cm，没有经过其他药剂处理。其他条件与第三次试验相同。45孔育苗盘中每孔扦插3穗。共计扦插3盘，270个插穗。扦插后日常管护工

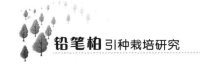

作委托当地苗圃工作人员负责，每天上午和下午各用喷壶浇水一次。

当年6月7日观察，全部插穗叶色正常，枝叶无枯黄现象。当年9月12日观察，插穗存活情况良好，叶色仍然保持浓绿，仅个别插穗枯死，抽查见部分插穗形成愈伤组织，并有插穗生根成活。当年11月7日观察，插穗存活率超过80%，存活插穗进入冬态，叶色呈暗红褐色，抽查发现半数以上的存活插穗形成愈伤组织。当年冬季未再管护。次年3月30日调查，共查到插穗214株，其中存活插穗105株，枯死109株，其余插穗缺失，存活率38.9%（不计算缺失插穗则为49.1%）；生根插穗15株，生根率5.6%（不计算缺失插穗则为7.0%）；形成愈伤组织的插穗77株，愈伤组织形成率28.5%（不计算缺失插穗则为36.0%）。然后将存活的插穗重新扦插，置于树荫下未再仔细管护。2008年4月1日调查，共得到生根成活苗32株，总生根率达到11.9%。

⑤第五次扦插育苗试验

试验于2006年9月14日在实验室内进行。插穗母株4年生，剪取完全木质化的枝条中段，保留2个侧枝用作插穗，穗干长10 cm，清水浸泡后扦插。其他条件及插后管护措施与第一、二次试验相同。共计扦插2筐。

结果与第一、第二次试验相似，扦插后30 d时，插穗开始出现枯死现象。扦插后60 d时，仅有少量插穗存活，其中个别插穗生根成活。插穗存活率略好于第一、二次试验，存活插穗新梢生长则比较缓慢。

⑥第六次扦插育苗试验

试验于2006年10月13日在实验室内进行。试验条件及插后管护措施与第五次试验相同。试验结果与第五次试验相似，区别仅在于存活插穗新梢生长更缓慢一些。

⑦第七次扦插育苗试验

试验于2006年9月14日在实验室内人工气候箱中进行。插穗母株4年生，剪取完全木质化的枝条中段，保留2个侧枝用作插穗，穗干长10 cm。插穗用萘乙酸、多效唑处理，各两个水平，分别为2000 mg/L速蘸和200 mg/L浸泡6 h，以清水浸泡6 h为对照，共5个处理。扦插基质装于塑料育苗盘内，盘长50 cm，宽30 cm，深7 cm。育苗盘置于人工气候箱中培育，控制箱内温度25 ℃，相对湿度80%，晚间用日光灯补光。其他试验条件及管护措施与第一、二次试验相同。共计扦插6盘，300个插穗。

扦插后20 d时，插穗全部枯死。研究分析认为，其原因可能是，箱门紧闭，箱内通风不良，加之插穗过密，箱内空气流通不畅，插穗因而窒息而死。

⑧第八次扦插育苗试验

试验于2006年10月13日在实验室内人工气候箱中进行。试验的插穗取自4年生铅笔柏幼树，剪去上部新梢，保留两个侧枝，穗干部分长15 cm，未再进行药剂处理，较第七次试验减小了扦插密度。每日上午打开箱门通风30 min，其他试验条件均与第七次试验相同。共计扦插6盘，180个插穗。

插穗存活情况良好。扦插后34 d时，叶色浓绿如初，芽体出现生长迹象。扦插后75 d时，仅个别插穗枯死，绝大部分插穗存活良好，且表现出程度不同的新梢生长现象，抽查发现个别插穗生根成活。扦插后120 d时，存活插穗157个，存活率87.22%；生根插穗46个，生根率25.56%；形成愈伤组织的插穗103个，愈伤组织形成率57.22%。

⑨第九次扦插育苗试验

试验于2007年6月25日在天水市三阳苗圃树荫下进行。该处自然条件见第四次试验。插穗母株4年生，根据母株叶型分类剪取，母株分全刺型叶和刺鳞混合型叶两种，插穗长7～8 cm，剪去下部4 cm内侧枝，上部保留2～3个侧枝，下部剪口修成斜面。扦插基质为农田耕作土、蛭石、河沙和农家肥按5：3：2：2比例混合物。容器袋为聚乙烯无底圆筒塑料袋，直径6 cm，长18 cm。容器袋置于苗床上，苗床上方为移植二次培育的红叶李，密度1 m×1 m，树高2.5 m左右，树冠层郁闭度0.9左右。插穗分两类处理，一是区分母株叶型，母株全刺叶型和母株刺叶鳞叶混合型；二是固定母株采集处理插穗，母株共计51个。插穗速蘸药剂扦插，每袋扦插一穗，速蘸时间3～5 s，3个药剂分别为生根粉1号、萘乙酸、多效唑，各2个浓度水平，分别为1000、2000 mg/L，其他条件与第一次试验相同。共计扦插33床，扦插完毕立即全面喷洒500倍多菌灵。扦插后日常管护工作委托当地苗圃工作人员负责，每天上午和下午各喷淋浇水一次，气温高时中午增加一次。入冬后不再浇水，原地露天越冬。2008年4月初，苗圃售出红叶李绿化苗木，换植雪松二次培育大苗，起挖换植苗木过程中损毁部分试验。

当年9月观察，插穗存活情况良好，存活率超过90%，各处理间差异不明显，叶色正常，抽查未见插穗形成愈伤组织或生根。当年11月14日观察，存活插穗进入冬态，叶色呈暗红褐色，总体存活率80%左右，抽查发现约1/3的存活插穗形成愈伤组织，部分插穗生根。当年11月20日，抽样调查区分母株叶型的试验处理，每个小区抽查90株。在抽查统计过程中，将存活插穗移植入45孔育苗盘中，孔径

5 cm，基质与扦插育苗基质相同，移栽的同时清水浇透基质。育苗盘排放于一处闲置育苗地中，处于地块的中间位置。调查完成之后，于育苗盘上方搭建塑料小拱棚保护插穗越冬。小拱棚长 7 m，宽约 3 m，高约 1.5 m，棚内未设操作步道。小拱棚东西向，南侧为二次培育的桧柏大苗，高约 2 m，有一定遮阴条件；北侧邻近的苗木比较低矮；棚东侧为高约 50 cm 的黄杨球苗，有一定降低进入小拱棚通风口风速的效果；棚西没有地表物，开阔。越冬期间观察，插穗成活情况良好。次年 4 月初东西向开口通风，只结合邻近育苗地灌溉，向小拱棚地面漫灌浇水一次，因人员无法进入棚内，未能喷淋浇水。没有抽查到的扦插苗原地露天越冬。2008 年 4 月 26 日观察，大部分插穗枯死，仅生根和部分形成愈伤组织的插穗存活，全面调查统计后结束试验，结果见表3-8、表3-9。

表3-8　不同叶型母株树荫下扦插试验当年抽查统计表

母株叶型	速蘸处理	存活插穗（个）	存活率（%）	生根插穗（个）	生根率（%）	愈伤组织（个）	愈伤组织形成率(%)	抽查总数(个)
全刺型	萘乙酸 1000 mg/L	264	97.78	4	1.48	52	19.26	270
全刺型	萘乙酸 2000 mg/L	352	97.78	25	6.94	92	25.56	360
全刺型	多效唑 1000 mg/L	353	98.06	21	5.83	112	31.11	360
全刺型	多效唑 2000 mg/L	90	100.00	12	13.33	32	35.56	90
全刺型	生根粉 1 号 1000 mg/L	175	97.22	8	4.44	43	23.89	180
全刺型	生根粉 1 号 2000 mg/L	85	94.44	3	3.33	21	23.33	90
刺鳞混合型	萘乙酸 1000 mg/L	168	93.33	8	4.44	33	18.33	180
刺鳞混合型	萘乙酸 2000 mg/L	90	100.00	4	4.44	27	30.00	90
刺鳞混合型	多效唑 1000 mg/L	90	100.00	3	3.33	13	14.44	90
刺鳞混合型	多效唑 2000 mg/L	177	98.33	1	0.56	41	22.78	180
刺鳞混合型	生根粉 1 号 1000 mg/L	86	95.56	6	6.67	24	26.67	90
刺鳞混合型	生根粉 1 号 2000 mg/L	174	96.67	16	8.89	47	26.11	180

表3-9 不同叶型母株树荫下扦插保护越冬调查统计表

苗盘编号*	存活插穗				枯死插穗			
	无愈伤组织（个）	有愈伤组织（个）	生根（个）	小计（个）	无愈伤组织（个）	有愈伤组织（个）	生根（个）	小计（个）
1-1	12	12	2	26	17	2		19
1-2	13	15	4	32	12	1		13
1-3	15	19	4	38	6	1		7
1-4	10	19	2	31	12	2		14
1-5	10	22		32	12	1		13
1-6	22	5		27	12	6		18
1-7	5	3		8	35	2		37
1-8	6	10		16	23	6		29
1-9	3			3	40	2		42
1-10	2			2	30	13		43
1-11				0	36	9		45
1-12		3		3	9	33		42
1-13	6		1	7	20	18		38
1-14	8		7	15	18	12		30
1-15	6	14		20	20	5		25
2-1	4	5	2	11	34			34
2-2	2	1	7	10	28	7		35
2-3				0	30	15		45
2-4	1			1	32	12		44
2-5				0	35	10		45
2-6				0	44	1		45
2-7				0	36	9		45
2-8				0	16	29		45
3-1	11	3		14	31			31
3-2	4	1	2	7	33	5		38
3-3	2			2	43			43

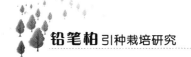

续　表

苗盘编号*	存活插穗				枯死插穗			
	无愈伤组织（个）	有愈伤组织（个）	生根（个）	小计（个）	无愈伤组织（个）	有愈伤组织（个）	生根（个）	小计（个）
3-4	14		2	16	29			29
3-5	8			8	32	3	2	37
3-6	6	1	3	10	33	2		35
3-7	1	1	3	5	28	12		40
3-8	1			1	43	1		44
3-9		1		1	38	6		44
3-10		1	1	2	18	16	9	43
3-11				0	42	3		45
3-12			4	4	33	2	6	41
3-13		1	2	3	34	8		42
3-14	1	2		3	29	13		42
3-15	3	4		7	31	7		38
4-1	2	2	2	6	39			39
4-2	9		1	10	35			35
4-3	1	1	2	4	41			41
4-4	2		1	3	42			42
4-5	4	2		6	39			39
4-6	9	4	1	14	26	5		31
4-7		7	1	8	24	13		37
4-8	6	1		7	38			38
4-9	15	2	3	20	24	1		25
4-10	15	1		16	25	4		29
4-11	2	3	1	6	36	2	1	39
4-12	8	5		13	14	18		32
4-13	4	11	1	16	13	16		29
4-14	10	1	3	14	25	6		31
合计	263	183	62	508	1475	339	18	1832

注：*苗盘编号自南向北，自东向西。

由表3-8可以看出，不同叶型的母株、不同药剂速蘸处理的插穗，当年存活率均超过90%，各处理之间无明显差异。各种处理的插穗当年生根率都比较低，取自全刺型叶母株上的经多效唑2000 mg/L速蘸处理的插穗生根率较高，也只有13.33%。当然，由于插穗生根率的数值比较小，与其说是处理不同的结果不如说是随机误差所致。

插穗当年愈伤组织形成率均在14%～36%之间，以取自全刺型叶母株上的经多效唑2000 mg/L速蘸处理的插穗愈伤组织形成率较高，达到35.56%。高浓度水平的多效唑和萘乙酸对插穗当年愈伤组织的形成也有一定促进作用。多效唑对取自全刺型叶母株上的插穗促进形成愈伤组织的效果较好，萘乙酸则对取自刺鳞混合型叶母株上的插穗促进效果较好，生根粉1号高、低浓度水平速蘸处理对插穗愈伤组织的形成无明显促进效果。相对来说，全刺型叶母株上的插穗愈伤组织形成率稍优于刺鳞混合型叶母株。

⑩第十次扦插育苗试验

试验于2007年6月25日在天水市小陇山林业科学研究所苗圃的全光喷雾苗床上进行。该处海拔1450 m，年均气温11 ℃，极端最高气温39 ℃，极端最低气温-19.2 ℃，年均相对湿度78%，年均降水量830 mm，年均蒸发量925 mm，无霜期180 d。插穗母株4年生，插穗为当年生半木质化带顶芽绿枝，插穗长7～8 cm，剪去下部4 cm内侧枝，上部保留2～3个侧枝，下部剪口修成斜面。扦插基质为泥炭土与炭化稻壳1∶1等比例混合。育苗袋为轻基质网袋容器，直径4 cm，长10 cm。每袋扦插1个插穗。容器置于育苗托盘上，每个托盘装65个容器，托盘的底为筛网状，托盘置于插床上。插床用0.5%高锰酸钾溶液喷淋消毒，用量2500～3000 mL/m²。插穗用3种药剂处理。处理措施分两大类：一是蔗糖+药剂速蘸，蔗糖溶液浸泡分2%和4%两个浓度水平，浸泡2 h，控去蔗糖溶液后速蘸药剂后扦插，所用药剂为生根粉1号、萘乙酸、多效唑3种，速蘸时间3～5 s，每种药剂设1000、2000 mg/L两个浓度水平，以清水浸泡2 h为对照，共13个处理。二是药剂浸泡1 h后扦插，所用药剂为生根粉1号、萘乙酸、吲哚丁酸3种，每种药剂设100、200、300 mg/L三个浓度水平，以清水浸泡1 h为对照，共10个处理。每个处理10次重复。扦插完毕后立即全面喷洒500倍多菌灵药液灭菌，用量1000 mL/m²，以后每隔10 d喷药一次，雨后加喷一次。扦插完毕开启全光喷雾系统，每次喷雾时间2 min，以叶面附有水珠为度。插后50 d，晴天上午10时至下午5时每隔10 min喷雾一次，上午10时前和下午5时后每隔15～20 min喷一次。插后60 d，为每隔20～30 min和40～60 min喷雾一次。阴天减少喷雾次数，夜间停止喷雾。插后 20 d 至 9 月下旬，每 7～10 d 喷施一次 2 g/L 的尿素和 3 g/L 的磷酸二氢钾混合液。插后管护工作委托苗圃工作人员负责。

扦插后观察，插穗存活良好，但后期枝叶呈灰白色，原因是喷雾水分蒸发后形成的水垢，附于枝叶表面所致。2007 年 10 月 15 日抽样调查，每个处理调查一盘 65 个插穗，结果见表 3-10。

抽查数据表明，插穗平均存活率 76.32%，以 100 mg/L 吲哚丁酸浸泡和清水浸泡 1 h 的处理存活率最高，达 93.85%；其次是 2% 蔗糖+1000 mg/L 萘乙酸速蘸和 300 mg/L 萘乙酸浸泡 1 h 的处理，分别是 92.31% 和 90.77%，4% 蔗糖+2000 mg/L 生根粉 1 号速蘸处理的插穗存活率最低，只有 30.77%。药剂浸泡处理的插穗存活率均超过 70%，而且各处理之间差异较小；蔗糖+药剂速蘸处理的插穗存活率低于药剂浸泡处理，且各处理之间差异较大。速蘸处理中，萘乙酸处理的插穗存活率较多效唑和生根粉 1 号为好；浸泡处理中，吲哚丁酸处理的插穗较萘乙酸和生根粉 1 号为好。相同药剂速蘸条件下，2% 蔗糖溶液浸泡处理的插穗存活率高于 4% 蔗糖溶液浸泡处理。总的趋势是，低浓度蔗糖溶液浸泡有利于插穗存活，药剂处理对插穗存活有一定影响，因药剂种类和浓度而异。

插穗总体平均生根率为 22.74%，以 300 mg/L 萘乙酸浸泡 1 h 处理的插穗生根率最高，为 53.85%；其次是 4% 蔗糖+2000 mg/L 萘乙酸速蘸和 300 mg/L 生根粉 1 号浸泡 1 h 处理的插穗，生根率分别为 46.15% 和 43.08%；2% 和 4% 蔗糖+2000 mg/L 多效唑速蘸处理的插穗生根率最低，仅为 3.08%；清水浸泡 1 h 的插穗生根率也达到 40.00%，但清水浸泡 2 h 处理的插穗生根率则只有 10.77%。相对来说，药剂浸泡处理的插穗生根率较蔗糖+药剂速蘸处理为好，两类用药方式的各处理间差异明显。无论是蔗糖+药剂速蘸，还是药剂浸泡，萘乙酸处理的插穗生根率均较其他药剂为高，且以高浓度为优，生根粉 1 号也有比较好的促进生根效果。蔗糖溶液浸泡处理对插穗生根的影响因药剂及其浓度而异。以存活插穗为基数计算的生根率，同样以 300 mg/L 萘乙酸浸泡 1 h 和 4% 蔗糖+2000 mg/L 萘乙酸速蘸两处理效果最好，分别达到 59.32% 和 55.56%。总的趋势是，萘乙酸对铅笔柏插穗生根有良好的促进效果，高浓度多效唑速蘸则会抑制插穗生根，蔗糖溶液浸泡对插穗生根的影响不明显。

表3-10　全光喷雾扦插育苗试验抽样调查统计表

处理	存活插穗（个）	存活率（%）	生根插穗（个）	生根率（%）	存活生根率（%）	平均生根（条）	平均根长（cm）
2%蔗糖+1000 mg/L生根粉1号速蘸	49	75.38	6	9.23	12.24	1.8	2.4
2%蔗糖+2000 mg/L生根粉1号速蘸	55	84.62	19	29.23	34.55	2.8	5.0
4%蔗糖+1000 mg/L生根粉1号速蘸	49	75.38	7	10.77	14.29	2.0	3.5
4%蔗糖+2000 mg/L生根粉1号速蘸	20	30.77	10	15.38	50.00	3.8	3.6
2%蔗糖+1000 mg/L萘乙酸速蘸	60	92.31	13	20.00	21.67	1.6	3.2
2%蔗糖+2000 mg/L萘乙酸速蘸	46	70.77	20	30.77	43.48	4.8	3.4
4%蔗糖+1000 mg/L萘乙酸速蘸	32	49.23	10	15.38	31.25	3.3	3.4
4%蔗糖+2000 mg/L萘乙酸速蘸	54	83.08	30	46.15	55.56	4.7	3.7
2%蔗糖+1000 mg/L多效唑速蘸	47	72.31	10	15.38	21.28	4.1	2.5
2%蔗糖+2000 mg/L多效唑速蘸	52	80.00	2	3.08	3.85	3.0	1.2
4%蔗糖+1000 mg/L多效唑速蘸	36	55.38	20	30.77	55.56	4.6	3.2
4%蔗糖+2000 mg/L多效唑速蘸	43	66.15	2	3.08	4.65	1.5	2.6
速蘸对照	55	84.62	7	10.77	12.73	3.4	2.0
300 mg/L生根粉1号浸泡	55	84.62	28	43.08	50.91	3.1	3.9
200 mg/L生根粉1号浸泡	50	76.92	5	7.69	10.00	1.4	6.2
100 mg/L生根粉1号浸泡	46	70.77	13	20.00	28.26	2.3	7.3
300 mg/L萘乙酸浸泡	59	90.77	35	53.85	59.32	7.9	4.6
200 mg/L萘乙酸浸泡	48	73.85	22	33.85	45.83	5.3	3.7
100 mg/L萘乙酸浸泡	51	78.46	14	21.54	27.45	4.3	5.8
300 mg/L吲哚丁酸浸泡	56	86.15	14	21.54	25.00	7.1	3.0
200 mg/L吲哚丁酸浸泡	56	86.15	24	36.92	42.86	5.8	3.2
100 mg/L吲哚丁酸浸泡	61	93.85	3	4.62	4.92	2.0	1.4
清水浸泡对照	61	93.85	26	40.00	42.62	2.5	4.4
平均	49.6	76.32	14.8	22.74	29.80	3.6	3.6

成活插穗总体平均根数 3.6 条，平均根长 3.6 cm，以 300 mg/L 萘乙酸浸泡 1 h 处理的插穗生根效果最优，平均生根数和平均根长分别达到 7.9 条和 4.6 cm；其次是 300 mg/L 吲哚丁酸浸泡 1 h 处理的插穗，平均生根数和平均根长分别为 7.1 条和 3.0 cm。相对来说，药剂浸泡处理的插穗较蔗糖+药剂速蘸处理的插穗生根效果为优。

在初步调查之后，生根成活的苗木移栽于温室沙床上继续培育观察，其余扦插苗木全部移入温室内保护越冬。温室内光照弱于室外，比较阴凉，空气较湿润。2008 年 4 月、8 月两次观察，插穗存活良好，300 mg/L 萘乙酸浸泡 1 h 处理的插穗生根率达到 74%。当时保留存活插穗 9400 余株。

总体来说，树荫下扦插对于保证铅笔柏绿枝插穗长期存活效果突出，但由于气温比较低，有延长插穗生根周期的趋势；药剂速蘸处理对促进插穗愈伤组织效果各异。

2008 年 4 月 29 日，全面调查小拱棚内保护越冬的扦插苗木，总体存活率 21.71%。从表 3-10 中数据可以看出，无论插穗有无愈伤组织，都与存活关系不大，生根插穗存活情况良好，观察发现部分生根而枯死的插穗属于移植时有损伤根系或窝根现象。

插穗存活与苗盘位置关系密切，位于小拱棚中间部分的插穗存活率很低，甚至整盘枯死，位于小拱棚南北两端的苗盘中的插穗存活率较高，尤其位于东南角和西北角两处的苗盘中的插穗存活率高。

我们分析原因认为，开春后小拱棚中间气温较高，且光照较强，插穗气孔开放，蒸腾作用较强导致穗体失水枯死；小拱棚东南角和西北角两处由于开口通气，气温较低且有一定遮阴条件，插穗蒸腾作用较弱，因而存活情况较好。

2008 年 4 月 26—27 日，全面调查不同叶型母株原地露天越冬的插穗（见表 3-11），包括生根插穗，总体存活率只有 15.38%，大部分插穗枯死。总体生根成活率 7.23%，各处理间无明显差异。

表 3-11 不同叶型母株树荫下扦插露天越冬调查统计表

母株叶型	速蘸处理	存活插穗（个）	存活率（%）	生根插穗（个）	生根率（%）	枯死插穗（个）	总数（个）
全刺型	多效唑 1000 mg/L	166	6.40	178	6.86	2251	2595
全刺型	多效唑 2000 mg/L	56	7.92	71	10.04	580	707

母株叶型	速蘸处理	存活插穗（个）	存活率（%）	生根插穗（个）	生根率（%）	枯死插穗（个）	总数（个）
全刺型	萘乙酸1000 mg/L	85	6.51	121	9.26	1100	1306
全刺型	萘乙酸2000 mg/L	122	7.89	76	4.92	1348	1546
全刺型	生根粉1号1000 mg/L	73	5.42	78	5.79	1195	1346
全刺型	生根粉1号2000 mg/L	15	2.24	36	5.37	620	671
刺鳞混合型	多效唑1000 mg/L	157	8.90	116	6.57	1492	1765
刺鳞混合型	多效唑2000 mg/L	42	6.19	53	7.81	584	679
刺鳞混合型	萘乙酸1000 mg/L	118	17.23	66	9.64	501	685
刺鳞混合型	萘乙酸2000 mg/L	99	16.05	36	5.83	482	617
刺鳞混合型*	生根粉1号1000 mg/L						
刺鳞混合型	生根粉1号2000 mg/L	142	11.17	123	9.68	1006	1271
合计		1075	8.15	954	7.23	11159	13188

注：*试验小区被毁。

表3-12　固定母株树荫下扦插露天越冬调查统计表

母株编号	速蘸处理	存活插穗（个）	存活率（%）	生根插穗（个）	生根率（%）	枯死插穗（个）	总数（个）
1	生根粉1号1000 mg/L	10	7.94	5	4.50	111	126
2	生根粉1号2000 mg/L	5	14.29	1	3.45	29	35
3	多效唑1000 mg/L	6	16.22	2	6.90	29	37
4	多效唑2000 mg/L	4	4.82	7	9.72	72	83
5	萘乙酸1000 mg/L	7	14.29	3	7.69	39	49
6	萘乙酸2000 mg/L	8	6.45	38	48.72	78	124
7	生根粉1号1000 mg/L	10	15.15	8	16.67	48	66

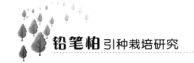

续　表

母株编号	速蘸处理	存活插穗（个）	存活率（%）	生根插穗（个）	生根率（%）	枯死插穗（个）	总数（个）
8	生根粉1号2000 mg/L	7	15.56	10	35.71	28	45
9	多效唑1000 mg/L	19	14.50	5	4.67	107	131
10	多效唑2000 mg/L	10	12.99	3	4.69	64	77
11	萘乙酸1000 mg/L	8	15.38	7	18.92	37	52
12	萘乙酸2000 mg/L	7	5.00	13	10.83	120	140
13	生根粉1号1000 mg/L	15	20.00	7	13.21	53	75
14	生根粉1号2000 mg/L	9	13.43			58	67
15	多效唑1000 mg/L	14	30.43	4	14.29	28	46
16	多效唑2000 mg/L	4	5.06	24	47.06	51	79
17	萘乙酸1000 mg/L	4	4.00	14	17.07	82	100
18	萘乙酸2000 mg/L	14	10.53	5	4.39	114	133
19	生根粉1号1000 mg/L	6	18.75	3	13.04	23	32
20	多效唑2000 mg/L	4	3.92	3	3.16	95	102
21	萘乙酸1000 mg/L	5	7.35	2	3.28	61	68
22	多效唑1000 mg/L	5	5.05	3	3.30	91	99
23	萘乙酸2000 mg/L	4	7.84	5	11.90	42	51
24	生根粉1号2000 mg/L	12	7.74	10	7.52	133	155
25	生根粉1号1000 mg/L	4	5.97	2	3.28	61	67
26	多效唑2000 mg/L			1	3.70	27	28
27	萘乙酸1000 mg/L	6	3.26	1	0.56	177	184
28	多效唑1000 mg/L	2	4.44	1	2.38	42	45
29	多效唑2000 mg/L					38	38
30	萘乙酸1000 mg/L	4	4.26	2	2.27	88	94
31	多效唑1000 mg/L	4	3.08	1	0.80	125	130
32	萘乙酸2000 mg/L			4	3.85	104	108

母株编号	速蘸处理	存活插穗（个）	存活率（%）	生根插穗（个）	生根率（%）	枯死插穗（个）	总数（个）
33	生根粉1号2000 mg/L	1	2.56	1	2.70	37	39
34	生根粉1号1000 mg/L			1	3.03	33	34
35	多效唑2000 mg/L	3	5.56			51	54
36	萘乙酸1000 mg/L	4	11.43	1	3.33	30	35
37	多效唑1000 mg/L	4	4.26	3	3.45	87	94
38	萘乙酸2000 mg/L	7	7.07	3	3.37	89	99
39	萘乙酸1000 mg/L	1	1.75	2	3.70	54	57
40	生根粉1号2000 mg/L			1	2.70	37	38
41	萘乙酸1000 mg/L	8	4.68	2	1.24	161	171
42	多效唑1000 mg/L	5	13.16	8	32.00	25	38
43	萘乙酸2000 mg/L	2	4.00	2	4.35	46	50
44	生根粉1号2000 mg/L	6	11.76	3	7.14	42	51
45	生根粉1号1000 mg/L	3	2.59	6	5.61	107	116
46	多效唑2000 mg/L	1	1.22	1	1.25	80	82
47	多效唑2000 mg/L	5	3.62	4	3.10	129	138
48	生根粉1号2000 mg/L	13	3.57	9	2.63	342	364
49	萘乙酸1000 mg/L	2	2.56	2	2.70	74	78
50	多效唑1000 mg/L	2	2.00	1	1.03	97	100
51	萘乙酸2000 mg/L	3	2.14	1	0.74	136	140
	合计	287	6.46	245	6.26	3912	4444

2008年4月26—27日，全面调查固定母株原地露天越冬的插穗（见表3-12），包括生根插穗，总体存活率只有12.72%，大部分插穗枯死。不同母株插穗存活率差异比较明显，由于各母株剪取的插穗数量不同，同一母株的插穗被集中在一起扦插，受小区环境因素的影响较大，因此不同母株之间插穗存活率可比性较差。相对来说，以15号母株存活率最高，达到30.43%。不同母株的插穗生根率差异明显，

相对来说，以 6 号、16 号母株插穗生根率最高，分别达到 48.72% 和 47.06%，8 号、42 号母株的插穗生根率也明显优于其他母株，生根率超过 30%。说明不同母株之间，插穗生根难易程度存在明显差异。

结合表 3-11、表 3-12 数据，树荫下扦插露天越冬的插穗总体存活率只有 14.56%，大部分插穗越冬后枯死。分析认为，这部分原地露天越冬的苗木由于上方树木冬季落叶，插穗失去遮阴，开春后气温上升插穗复苏后，由于没有及时恢复喷淋浇水管护措施，在阳光直射下气孔开放，加之初春风大，枝叶蒸腾作用强烈，导致绝大多数插穗失水而枯死，部分处于一定遮阴条件下的苗木因蒸腾作用较弱，因而存活较多。因此，本次调查结果中，尽管各处理之间存活率差异比较明显，与其说是处理因素的影响，不如说是小区之间条件差异所致。现场可见枯死插穗均变色不久，尚有部分插穗正处于失水枯死状态，说明插穗主要不是越冬冻死，而是开春才开始枯死的。除不同母株插穗生根率有明显差异外，不同叶型母株和不同药剂处理的插穗生根率差异不明显，与相同处理不同试验小区的差异相近，说明上方树木遮阴条件在一定程度上掩盖了不同叶型母株和药剂影响插穗生根成活的效应。

调查完毕后，将露天越冬并生根成活的苗木移栽到大田中继续培育观察，共计 1200 余株。移植苗木上方为二次培育的红叶李，密度 1 m×1 m，树冠层完全郁闭，树高 3 m 左右。定植完成后漫灌浇水。苗木长势良好。

（3）扦插育苗研究小结

总结十次铅笔柏扦插试验结果，并结合文献分析，研究得出以下结论：

①铅笔柏插穗生根困难，生根周期漫长，由于必须带绿枝扦插，在西北地区空气干燥（相对湿度经常低于 50%）、光照强烈的条件下，保证插穗长期存活是铅笔柏扦插育苗的难点。

②保证铅笔柏插穗长期存活的环境，要求空气相对湿度不低于 70%～85%，湿度过低导致插穗失水枯死，湿度过高则易于霉菌滋生，影响插穗活力。如果不能有效提高空气相对湿度，则必须以控制气温和光照的方法降低插穗蒸腾作用，以保证插穗活力，气温以 20～25 ℃为宜，光照则以散射光为宜，并保证供水充足、空气流畅。

③全光喷雾和利用上方树木遮阴扦插育苗，在干燥气候条件下是保证铅笔柏插穗长期存活的有效措施。上方树木遮阴可以有效保证插穗存活，不仅对铅笔柏如此，对于同样难生根的雪松效果也非常好。在第三次扦插育苗试验之前，三阳花木公司的研究人员在全自动自控温室中曾经进行过雪松扦插育苗试验，尽管室内搭建

塑料拱棚以提高空气湿度，但扦插后1个多月，插穗全部枯死。研究在第十次扦插试验的同时尝试扦插一床雪松，至入冬时雪松插穗存活率同样超过80%。全光喷雾扦插保证插穗存活的效果略差，水质较硬时会在插穗的枝叶表面形成水垢膜，可能会给穗体带来一定影响，也有可能正是这层水垢膜阻塞气孔，降低穗体的蒸腾作用而保证了穗体活力。

④利用上方树木遮阴扦插育苗，由于气温较低，光照比较弱，会延长插穗的生根周期，会降低药剂处理对生根的效果，使得药剂处理效果不明显。全光喷雾扦插育苗比较有利于缩短插穗生根周期，生根周期仍然较长，后期可能会降低药剂处理促进生根的效果。总之，在目前技术条件下，在气候干旱的西北地区进行铅笔柏扦插育苗，需要跨年度才能得到具有商业生产价值的生根成活率，对插穗越冬保护，特别是开春初期的管护又将是1个难题。西北地区初春空气更加干燥且风多风大，易导致穗体风干枯死。

⑤不同药剂处理对铅笔柏插穗生根的影响不同，萘乙酸、生根粉和多效唑均有比较明显的促进生根的效果，以萘乙酸的效果为优。高浓度速蘸和低浓度浸泡两种处理措施，对促进铅笔柏插穗生根的效果差异不明显。

⑥铅笔柏扦插育苗，生根类型包括愈伤组织生根、皮部生根和混合生根3种类型，一般皮部生根比较困难。铅笔柏插穗中有一部分自切口向上发生皮层失活腐烂，最终会在形成层的活动下阻止继续腐烂，这部分插穗由于没有形成愈伤组织，只能由皮层生根，因而延长了生根周期。这需要通过严格保证插穗质量和扦插基质消毒等措施来解决。

⑦生根成活的铅笔柏插穗根系分粗而疏松型与细而充实型两类，前者质量较差，后者质量较好。就研究的试验来看，扦插基质比较疏松时，插穗产生的粗型不定根更疏松一些，质量也较差，药剂处理可能也有一定影响。

第四节　其他相关研究

一、夏季铅笔柏大苗移栽试验

考虑到铅笔柏部分植株树形优美，叶色浓绿，具有很高的观赏价值，在园林绿化中具有很好的推广应用前景。而园林绿化中一般使用的都是树高1.5 m以上的大苗，而且经常是夏季移栽。为了在园林绿化中推广应用铅笔柏进行技术储备，研究开展了本项试验，先后进行两次试验。

1.试验材料与方法

试验用苗取自留圃培育的铅笔柏苗，苗高均1.5 m以上，带土球起苗，土球直径30 cm，草绳捆绑。起苗当日运抵造林试验点定植，定植后浇足定根水。之后进行常规管理。

2.试验处理与结果

（1）第一次大苗移栽试验

试验于2006年5月18日在白银市靖远县北滩乡试验点进行。该地地势平坦，多风，气候干燥，年均降水量只有200 mm左右，属于黄河提灌农业区。苗龄4年生。试验设4个处理各2个水平，苗木喷施多效唑分高低2个浓度水平，修枝分轻度、中度2个水平，定植前暴露时间分3 d、5 d两个水平，遮阴和不遮阴2个水平，以相同树龄和苗高的侧柏为对照。共定植500余株。

当年调查，夏季铅笔柏大苗移栽的成活率只有50%左右，低于侧柏，喷施多效唑和修枝均较有利于铅笔柏大苗成活，定植前暴露放置时间的长短则严重影响铅笔柏大苗成活；定植后搭建遮阴网的处理成活率反而不及不遮阴的处理。经观察，研究认为，由于定植初期当地多次出现刮风天气，且风力强劲，遮阴网被风吹动，上下翻滚，不仅难以固定，而且网面与苗木顶梢摩擦，擦断损伤苗木顶梢，给苗木带来严重机械损伤，因而降低了成活率。

（2）第二次大苗移栽试验

试验于2007年4月下旬在兰州市榆中县试验点进行。苗龄5年生。该地为平川地，灌溉条件良好。试验设2个处理，苗木定植时向土球喷施100 mg/L生根粉1号溶液，分喷施与不喷施2个水平；修剪苗木下部枝条，分修剪1/4和1/3与不修剪3个水平。共定植500余株。

当年调查，成活率只有45%，各处理之间无明显差异。2008年在挖除枯死植株的过程中发现，大多数枯死植株遭受柏肤小蠹为害，感虫率达到70%，其中30%并遭受双条杉天牛为害。柏肤小蠹一般不为害健康木，铅笔柏大苗移栽中由于缓苗的原因，导致树势有所衰弱，柏肤小蠹乘虚入侵致死植株。当苗木茎干较粗时，双条杉天牛则入侵为害而加速苗木枯死。柏肤小蠹和双条杉天牛为害铅笔柏国内未见报道，文献中仅见朝鲜报道过双条杉天牛为害铅笔柏。

3. 大苗移栽技术试验小结

据文献介绍（丁家兴等，1995），铅笔柏大苗栽植，存在假死现象，即在苗木定植后 20～30 d，部分苗木小枝开始发黄，直至整株枯黄，但小枝及叶不自动脱落，弯折顶梢或侧枝可见枝梢枯干失水，挖出苗根可见有新根生出，但新根最长不超过 0.5 cm。此后如果降雨充沛或灌溉及时，树冠基部会有零星新枝长出，以后逐渐向上扩展，同时枯死小枝脱落，而形成新的树冠。在我们的试验中也发现有这一现象，特别是我们发现，在挖除的枯死苗木中，超过半数以上的苗木见有新根发生，说明确属假死现象。由于试验地点位于气候干旱的西北地区，铅笔柏大苗移栽时假死现象和程度更为严重，甚至由假死发展为真死。在假死程度较大的情况下，苗木树势微弱，为柏肤小蠹和双条杉天牛入侵为害造成了条件。就本研究的试验来说，在气候干旱的西北地区栽植铅笔柏大苗，假死现象不可避免，树势衰弱后柏肤小蠹和双条杉天牛入侵为害则是造成部分苗木枯死的主要原因，采取有力造林措施确保苗木树势是铅笔柏大苗造林的关键。

二、铅笔柏病害调查与防治

1. 梢枯病调查与防治

在本研究过程中，只有种子育苗初期，在铅笔柏出苗过程中，发现个别幼苗受到立枯病危害，后来通过喷施硫酸亚铁溶液的办法有效控制了该病的发生，除此之外，没有发现其他明显的病害。

2006 年 6 月，本研究在天水市三阳苗圃发现，留圃培育的 3 年生铅笔柏苗木暴发严重的梢枯病。该病多从侧枝的嫩梢中段开始，侵染处周围的针叶失绿枯萎，而梢端部分则干枯呈灰绿色，如同被剪断一般，以后逐渐向侧枝下部蔓延，很快就会导致整枝死亡，整枝呈苍白的灰绿色。也有些植株在主干上发病，发病部位以上树冠枯死，发病部位各不相同，毫无规律可循。由于该病症状与一般机械损伤相似，所以往往被忽视。经调查，留圃培育的铅笔柏大苗感病株率达 15%～58% 不等，感病程度也各不相同，总的趋势是，感病株率高的地块中，感病程度也高，往往造成全株病死。在 2005 年培育的铅笔柏小苗上也发现有梢枯病发生，感病株率很低，不足 5%。经查阅文献（戴雨生等，1986，1988；李传道，1986；石峰云，1987；倪民，2006）并结合现场分析，本研究认为，该病病原为桧柏拟茎点菌，多由桧柏传染而来，是一种毁灭性的苗圃病害，国外称之为铅笔柏疫病。主要原因是该苗圃 2006 年春季从外地引来桧柏大苗定植于铅笔柏苗圃地附近进行二次培育，正是这些桧柏大苗带来了病原菌而导致铅笔柏发病，而桧柏本身对该菌具有较强的抗性，因而发病较轻，不易引起注意。确定病害之后，本研究及时对苗圃地的全部铅笔柏苗木进行了防治处理，对留圃培育的大苗，首先剪除病枝集中烧毁，然后喷施百菌清800倍液防治；对2005年培育的小苗喷施甲基托布津1000倍液进行防治。对大苗的防治效果一般，小苗的防治效果较好，但仍未能彻底消灭梢枯病，导致区域试验林仍受该病为害。

2008年4月，本研究在天水市三阳苗圃内的侧柏和桧柏上，也发现有梢枯病为害，症状与铅笔柏上的症状完全一致，但远比铅笔柏受害轻。2008年5月，本研究在兰州市榆中试验点邻近的刺柏和桧柏上也发现存在与铅笔柏上症状相似的梢枯病，受害较重的桧柏上新梢几乎全部枯黄，稍碰即落，但植株的长势并没有受到太大影响；刺柏的梢枯病受害较轻，但顶梢受害而枯死。

2.芽枯病调查

2006年6月，本研究在天水市三阳苗圃发现，留圃培育的3年生铅笔柏苗木发生芽枯病，感病株率4%～28%，一般为害程度较轻。2008年4月，在天水三阳苗圃再次发现铅笔柏芽枯病为害严重，尤以3年生小苗受害严重，病株率普遍在40%～70%之间；感病指数普遍在20%～50%之间，最高的地块达到52.84%，只有1个地块感病指数低于10%。5年生大苗也有受害，受害率随地块而异，2个受害严重的地块病株率分别达到62.38%和51.35%，感病指数则分别达到18.74%和17.12%，与之相邻的小苗感病程度则相对轻一些；大苗长势良好的地块中仅个别植株感病，且受害轻微。调查结果见表3-14。

经查阅文献（戴雨生，1986，1989；沈百炎，1986）并结合现场分析，本研究认为，该病病原为桧三毛瘿螨，同样由该苗圃从外地引进桧柏大苗传染而来，桧柏对该病原具有较强的抗性，因而发病较轻，不易引起注意。在解剖镜下可见受害处桧三毛瘿螨呈白色蛆状蠕动，群集或散生于嫩芽的鳞片内侧，刺吸嫩芽液汁，使嫩芽枯萎开缩，呈黑色干僵的鼠粪状。嫩芽被害后，其下部的腋芽或不定芽受刺激萌发，形成多头丛枝状小枝，害螨则迁移到新芽上继续为害。幼树经反复被害，长势严重减弱。由于桧三毛瘿螨寄生于芽鳞内部，防治难度较大。虽经杀螨剂防治，效果仍不理想。该虫还传染了本研究自育的铅笔柏实生苗，虽在苗圃时受害症状轻微，但定植后为害加重。

表3-14 芽枯病调查统计表

地块编号	0级	1级	3级	5级	9级	枯死	总数(个)	病株率(%)	感病指数(%)	树龄
1	414	128	91	97	157	163	1050	60.57	39.85	3
2	104	57	37	37	77	7	319	67.40	38.63	3
3	519	72	40	29	15		675	23.11	7.77	3
4	157	65	50	37	104	45	458	65.72	42.24	3
5	63	25	16	6	38	61	209	69.86	52.84	3
6	364	89	36	24	117	4	634	42.59	24.64	3
7	295	71	35	46	102	12	561	47.42	28.36	3
8	92	93	25	6	5	14	235	60.85	17.45	5
9	22	26	10	1	2	7	68	67.65	23.20	5
10	54	35	7	5	4	6	111	51.35	17.12	5

芽枯病分级方法：

0级：无病芽；

1级：病芽数占整株总数的20%以下；

3级：病芽数占整株总数的21%～40%；

5级：病芽数占整株总数的41%～60%；

9级：病芽数占整株总数的61%以上；

枯死：芽枯病而枯死，按9级计算。

2008年4月，本研究在天水市三阳苗圃的侧柏树上也镜检到桧三毛瘿螨，但侧柏受害轻微。2008年5月，本研究在兰州市榆中试验点邻近的刺柏上也见到与铅笔柏芽枯病相似的症状，个别植株芽枯死现象严重。

3. 柏肤小蠹、双条杉天牛调查

2008年4月3日，本研究在兰州市榆中试验点安排挖除2007年布设的铅笔柏大苗移栽试验中的枯死株，在其中一株被折断的茎干上发现有一粗一细两种蛀道，剥皮查检，两种蛀道均弯曲分布于韧皮部并在一端延伸于木质部中。随即检查其他挖除的枯死株，发现多数植株上均有细蛀道，多分布于1 m高以下的茎干上，坑道细长而弯曲，并见到黑色甲壳类小虫，略小于小米粒。在茎干较粗的植株上则见有粗蛀道，坑道呈弯曲不规则的扁平状，充满黄白色粪屑，一端有直径约4 mm的蛀孔伸入木质部内，并于伸入木质部的蛀道中见到一只乳白色蠕虫，虫体长约 2 cm，粗约 4 mm。之后采集有虫标本带回实验室，经过检验，与文献对照，初步确定黑色小虫为柏肤小蠹，乳白色蠕虫为双条杉天牛幼虫。后来，带回实验室的标本中又有多只黑色小虫出孔，并有一只天牛羽化出孔。镜检黑色小虫与文献所记录的柏肤小蠹形态及蛀道特征完全一致，天牛则与文献记录的双条杉天牛幼虫、成虫形态及蛀道特征完全一致。从而确定两种昆虫分别是柏肤小蠹和双条杉天牛。

2008 年 4 月 4 日在兰州市榆中试验点调查，成片定植的铅笔柏大苗中，枯死 295 株，其中受柏肤小蠹为害 207 株，受害株率达 70%。枯死株中受双条杉天牛为害的数量约占 1/3，主要见于地径大于 3 cm 的植株上。另在单行栽植铅笔柏大苗尚未挖除的枯死株中上也见到柏肤小蠹和双条杉天牛蛀道，并在一株根茎处发现 4 条双条杉天牛幼虫，由于枯茎干上枯枝稠密，查检不便，没有详细调查虫害株数。

2008 年 4 月下旬，在天水市三阳苗圃，本研究发现该处挖除弃置路边的 31 株铅笔柏枯死大苗，全部有柏肤小蠹蛀道。在一株树势衰弱的铅笔柏 5 年生苗木上，见到柏肤小蠹的新蛀孔及成虫。在几株高 1.5 m 以上的枯死桧柏上同样见到柏肤小蠹蛀道及成虫。在几株枯死桧柏上见到双条杉天牛幼虫蛀道及幼虫。2006 年 6 月 4 日，本研究在该处发现 4 株新移植的侧柏大树，树高超过 4 m，叶色发黄，树势衰弱，树干上均已布满蛀孔。

国内尚未见这两种昆虫为害铅笔柏的报道，只见到朝鲜有双条杉天牛为害铅笔柏的报道。据文献介绍，柏肤小蠹和双条杉天牛均分布于黄土高原地区，主要为害衰弱木，一般不为害健康木。由于西北地区气候干燥，降水年际变化大，干旱年份时有发生，尤其在甘肃中部干旱区经常发生严重干旱，导致林木树势衰弱。就本研究来看，树势衰弱的铅笔柏对柏肤小蠹和双条杉天牛非常敏感，一旦受害则必死无疑。因此，在甘肃中部干旱区推广使用铅笔柏造林，必须考虑干旱年份遭受柏肤小蠹和双条杉天牛危害的因素，在没有灌溉条件的地方或荒山造林中宜慎重选用铅笔柏，在园林绿化中使用铅笔柏则必须确保树势旺盛。

4.其他病虫鼠害

2005 年春季，本研究在天水市秦州区北山设试验点，在试验林中见有中华鼢鼠为害铅笔柏幼树的现象，咬断根系导致植株枯死。但以后再没有见到该鼠为害铅笔柏植株的现象。

2008 年 4、5 月间，本研究在天水市三阳苗圃和榆中试验点部分铅笔柏 5 年生苗木中见有柏大蚜为害，与在侧柏上见到的虫体以及文献中的描述完全一致，但对铅笔柏的生长影响轻微。尤其是榆中试验点的铅笔柏苗木上多见有各类捕食性瓢虫，数量较多，想是瓢虫有效控制了柏大蚜的为害。

本研究在三阳苗圃、榆中试验点、阿干镇试验点发现铅笔柏染有煤污病，在三阳苗圃观察发现，与国槐混交或在前茬培育过国槐绿化大苗的铅笔柏造林地上，其煤污病染病较重，最重的一个地块感病株率高达56%，但煤污病对铅笔柏幼树的生长影响较轻。同样，在三阳苗圃内的侧柏和国槐苗木上也见有煤污病为害。

2008年4月，本研究在天水市秦州区试验点还发现个别铅笔柏植株上有小蓑蛾为害，其虫特征非常明显，与文献中描述的一致，并在侧柏上见到该虫。

此外，镜检芽枯病样枝发现，许多样枝上并不见桧三毛瘿螨，而且症状也与文献中描述的桧三毛瘿螨的为害症状有区别。本研究分析认为，引起铅笔柏苗木梢枯病的病原除桧三毛瘿螨外，可能还有真菌类病原，结合文献资料（戴雨生，1987）分析，极有可能是盘多毛孢菌。

5.病虫害调查分析小结

据文献报道（戴雨生等，1986，1988；李传道，1986；石峰云，1987；倪民，2006），在我国危害铅笔柏的病虫害有梢枯病（病原为桧柏拟茎点菌）、芽枯病（病原为桧三毛瘿螨）、赤枯病和铅笔柏炭疽病4种，本研究又发现，柏肤小蠹、双条杉天牛、柏大蚜、小蓑蛾、中华鼢鼠、煤污病也会为害铅笔柏，在我国，这些都是为害柏类树种的病虫害。这些事实说明，铅笔柏对我国为害柏类树种的病虫害比较敏感，尤其是对梢枯病和芽枯病极易染病，对柏肤小蠹、双条杉天牛、煤污病及柏大蚜也易于染病。仅就本研究来看，一个地区的生物区系会对外来物种具有较强的排斥作用。就铅笔柏来说，大面积推广之后，如果考虑失当，可能会出现柏大芽和煤污病的严重为害现象，从而使树势降低，紧随其后为害的则是致命性的柏肤小蠹和双条杉天牛为害，最终将铅笔柏从引种地区淘汰出局。

上述结果说明，铅笔柏对我国为害柏类树种的病虫害比较敏感，将给铅笔柏的推广应用带来极其不利的影响。另一方面意味着，作为引进树种，不仅要判断铅笔柏是否适应引种地区的自然气候条件，还要判断铅笔柏对引种地区原有的生物区系的适应性。后一点可能对其他树种的引种也有一定参考意义。

三、前茬效应对铅笔柏造林的影响

早在2005年时，本研究就在天水市三阳苗圃注意到一个现象，该苗圃一块定植2年的铅笔柏地块，面积并不大，长条形，但其中的铅笔柏幼树长势差异极大，长势良好的树高已超过1 m，而长势差的树高不足30 cm，几乎定植之后就没有新梢生长。而且长势好与长势差的树分别集中连片，呈交替块状分布。2006年和2007年在该苗圃又发现，2005年新定植铅笔柏的另一地块出现相似现象，其长势与紧邻地块里同年定植的铅笔柏差异相当明显。经分析，这一现象不太可能是土壤肥力或管护措施差异所致。2008年4月初，研究发现该苗圃2007年定植的一处铅笔柏长势明显差于其他地块同批苗木，研究联想起该地块原为培育侧柏大苗用地，2006年挖除侧柏后定植铅笔柏容器苗，由此意识到前茬苗木会严重影响铅笔柏生长，并设想之前注意到的两个地块的情况，经询问苗圃管理人员得知，前两个地块在定植铅笔柏之前果然同是侧柏育苗地。因此，研究决定调查该苗圃不同前茬的铅笔柏造林地，结果见表3-15。

表3-15 三阳苗圃铅笔柏造林地前茬效应调查统计表

地块编号	总株数	总体平均高（cm）	优株平均高（cm）	优株平均地径（cm）	梢枯病株率（%）	芽枯病株率（%）	优株数量	空死株	树龄	前茬	混交树种
1	891	44.3	77.3	1.25	55.89	60.57	51	179	3	桧柏	纯林
2	178	31.6	50.1	0.73	11.24	67.40	28	4	3	国槐	国槐
3	660	49.8	82.4	1.31	23.94	23.11	46	29	3	国槐	纯林
4	313	26.9	58.9	0.87	43.13	65.72	9	77	3	侧柏	国槐
5	113	26.2	44.6	0.60	75.22	69.86	9	85	3	侧柏	红花槐
6	475	39.4	69.0	0.96	30.53	42.59	25	43	3	花椒	火炬树
7	475	49.8	88.5	1.43	30.53	47.42	24	15	3	苹果	广玉兰
8	203	80.0		2.18		60.85	22		5	侧柏	纯林
9	53	100.9		2.66		67.65	25		5	蔬菜	纯林
10	94	140.7		2.59*		51.35	78		5	蔬菜	纯林

注：*优株平均胸径。

由表3-15可以看出，侧柏前茬不仅使铅笔柏发生比较严重的梢枯病和芽枯病，还会严重影响铅笔柏定植苗木的生长。对比最明显的是5号地与6号地，这两个地块相邻，上层树木均为与铅笔柏同时定植的阔叶树绿化大苗，上方树木均经过截冠处理，郁闭程度相似，管理措施也一致，所不同的只是前茬。5号地前茬培育的是侧柏4年生大苗，6号地前茬则是花椒苗，两个地块上铅笔柏长势明显不同，仅从数据上看，缺乏直观性，现场则给人以两者有天壤之别的感觉。8号地与9号地同样相邻，铅笔柏长势同样差异明显，与10号地差异更大，定植当年和次年，8号地块简直无法与相邻的9号地相比，但到第3年，也就是2008年时，8号地上的铅笔柏开始恢复生机。1号地与3号、7号地相比，长势也比较差，尤其是1号地上空死株远多于3号、7号地，因此观感明显有别。2号、3号地同为国槐前茬，两个地块上铅笔柏生长差异也比较明显，这可能与2号地混交国槐有关，值得注意的是，两块地上的铅笔柏发生煤污病感染，且3号地重于2号地，其他地块上的铅笔柏则极少见到煤污病。

上述现象说明，柏类树种对铅笔柏造林具有明显的前茬效应。本研究分析认为，可能原因为：一是病原因素。培育过柏类树种苗木后，土壤中留有大量病原，由于乡土树种不仅适应了当地的生物群体，对各类乡土病原具有较强抗性，但铅笔柏作为一个引进树种，对这些病原抗性较差而易感，并且发病重，生长不良。二是土壤腐生菌的原因，前茬柏类苗木挖除后，留下大量死亡根系，土壤腐生菌分解这些死亡根系的过程中，可能会分泌一些不利于铅笔柏生长并降低其树势的化学物质。三是土壤肥力因素。前茬柏类树种的生长消耗了土壤肥力，而且由于柏类树种对土壤矿质元素的需求相似，使得土壤肥力失衡而影响铅笔柏幼树生长。

四、铅笔柏与其他树种的混交效应

2007年10月，本研究发现在铅笔柏试验林中，布设有铅笔柏与群众杨混交试验，其中铅笔柏生长量明显低于铅笔柏纯林；而在天水秦州区营造的试验林中，部分地块前茬为刺槐苗，定植铅笔柏后，刺槐挖除又有大量萌蘖苗产生，而且生长迅速，形成上层郁闭，成为实质上的刺槐与铅笔柏混交林，但其下的铅笔柏幼树长势却明显优于附近的铅笔柏纯林。2008年5月调查证实，定植后第4年，与刺槐混交的铅笔柏平均高198.8 cm，而同一地块中的铅笔柏纯林平均高154.2 cm。另外，在天水三阳苗圃则发现，与国槐混交的一年半生铅笔柏苗木，定植当年生长量明显低于铅笔柏纯林。

上述现象说明，铅笔柏与不同树种混交，会产生不同的效果，与刺槐混交对铅笔柏高生长有促进作用，与国槐、群众杨混交会降低铅笔柏的高生长。另据文献报道（陈万章，1991），铅笔柏与小意杨混交，在小意杨没有完全郁闭的情况下，对铅笔柏的高生长和干径生长影响不大，但会抑制铅笔柏竞争枝的形成。高生长与林木竞争光照有关，阳性树种需要充足的光照，因而高生长旺盛。铅笔柏属阳性树种，但又具有较强耐阴性，在天然条件下，这一特性使铅笔柏具有较强的竞争力，使得它能够在其他树木遮阴环境中通过稳定旺盛的高生长最终占居上层林冠，成为建群种，这是铅笔柏在其原产地北美形成大面积纯林的原因之一。如果上层林木抑制铅笔柏的高生长，是否意味着铅笔柏最终将不会在竞争中胜出，尚需进一步研究。

五、铅笔柏个体分化调查分析

前文已在铅笔柏种子催芽试验中分析过铅笔柏种子大小相差悬殊，小粒种子的单粒质量不足 2 mg，大粒种子则超过 20 mg。不仅如此，在许多性状方面，铅笔柏都表现出非常大的个体差异。

在铅笔柏种子育苗中发现，一年半生时，铅笔柏苗参差不齐，这在一般树种的育苗中是很少见的。实测结果也证实，最优株苗高达到117 cm，而最矮株则不足10 cm。

铅笔柏的树形、叶色也千差万别，树形从几乎柱状到圆堆状，树冠从松散开张到紧密抱头，叶色从黄绿到深绿，部分植株则呈非常漂亮的蓝绿色。在西北地区，铅笔柏的冬态现象突出，入冬后枝叶变色，一般植株呈暗锈红色，很不美观，同样也有个别植株则变色不重，具有一定的可观赏性。铅笔柏叶形一般简单分为刺形叶和鳞形叶，有的植株完全为刺形叶，有的植株兼生刺形叶和鳞形叶，完全着生鳞形叶的植株比较罕见。实际上，不同植株的刺形叶之间差异很大，有的刺叶粗壮色深，更接近于刺柏的叶形，着生这类刺叶的枝条也相对粗壮一些，分枝角度较少，树形紧凑；有的刺叶则细弱较短而色浅，更接近于圆柏的鳞形叶，着生这类刺叶的枝多相对细弱，分枝角度较大，近于平展，枝端下垂，树形松散。

有学者指出（张明如等，2006），某些树木既能繁生于下层林中，遇到机会又能在上层林内生长。这些树种通常能在森林群落中占优势。能生于下层林中，是耐阴性的表现。耐阴树种的下枝着叶时间比阳性树要长得多，具有深厚而致密的树冠。根据耐阴树的这一形态特点，铅笔柏个体之间的耐阴性也有很大差异。铅笔柏不同个体之间，树冠的松散密实程度相差很大，而且树冠松散型植株相对于密实型植株生长更为迅速，这正是一些阳性树种的生长特点。这也可能是文献对铅笔柏属阳性还是属阴性树种说法不一的原因。

对梢枯病的敏感性上，铅笔柏的个体之间也存在差异。本研究在天水三阳苗圃调查铅笔柏生长情况的过程中，发现部分多株同穴的铅笔柏植株，有的已经受梢枯病侵害致死，而其余植株则不见病状。对芽枯病的敏感程度上也有同类现象。

铅笔柏个体之间的巨大差异是其具有良好适应性的表现，一个物种、一个群体个体差异越大，越能适应不同的环境，如果同质化则只能适合特定环境，这个物种或群体就会走向衰落。以铅笔柏种子大小为例，小粒种子容易萌发出苗，有利于抢占生存空间，而大粒种子不容易萌发，却具有较大的寿命，以便等待良机。个体差异大是良好的生态适应性状，但对于人类利用来说，却不是个好现象。正因为如此，铅笔柏巨大的个体差异也为人们根据不同标准、不同目标选育优良品种带来巨大便利。

第五节　种苗繁育研究取得的创新成果

本研究创新性内容共有三个，具体如下：

一是在扦插育苗研究中已经取得实质性进展，主要成果表现在，试验总结得出结论，在气候干燥的西北地区确保铅笔柏插穗长期存活是铅笔柏扦插难点所在，探索提出全光喷雾和树木遮阴两项技术解决方案，插穗长期存活率超过80%，生根率达到74%，并获得扦插苗10600余株；组培育苗试验证明，铅笔柏组培育苗技术路线尚需应用研究的支持，比较可行的是探索微扦插技术，以便有效提高繁殖系数。

二是在铅笔柏种子育苗中突破催芽难关，提出促使大粒种子萌发以便培育壮苗良苗的技术方案，总结提出赤霉素浸种加低温处理的催芽方法，可以保证种子发芽率达到80%，并且发芽早，出苗整齐，优苗壮苗比例高，并编制完成《铅笔柏种子育苗技术规程（讨论稿）》。

三是区域试验共营造试验林332亩，造林成活率88.2%。初步确定铅笔柏适生于甘肃省兰州以东的黄土高原区；同时考虑铅笔柏对病虫害敏感性因素，提出在年降水量小于400 mm的半干旱地区推广应用应持谨慎态度，铅笔柏造林需要一定的灌溉条件。

除上述创新性研究内容外，本项研究还得到以下三个创新成果。一是初步确定柏肤小蠹、双条杉天牛、柏大芽、小蓑蛾和煤污病等会侵害铅笔柏，这些均未见文献报道。二是发现前茬林木会降低铅笔柏造林后幼树生长的负面效应。三是发现混交树种对铅笔柏生长的影响存在正反两种效果。

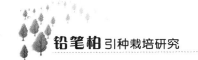
第六节 存在的主要问题

铅笔柏是公认的扦插难生根树种，本项研究初步解决了在气候干燥的西北地区保证铅笔柏绿枝插穗长期存活的难点，并获得跨年度生根扦插苗。扦插生根周期长，管护成本随之增加，于铅笔柏的推广应用和扦插苗木的产业化生产不利。尚需进一步探索缩短铅笔柏绿枝插穗生根周期和提高不定根质量的技术，诸如微扦插、嫁接育苗一类的无性繁殖技术。

铅笔柏个体差异大，有利于选育适合不同目的的良种，应着手建立铅笔柏种质种源基地，开展良种选育研究。

本项研究发现，梢枯病和芽枯病对铅笔柏幼树危害较大，柏肤小蠹和双条杉天牛对铅笔柏大苗移栽危害严重，柏大芽和煤污病对铅笔柏也有较大的潜在威胁，应着手开展有关病虫害防治研究工作，预做技术储备。

不同树种对铅笔柏造林的前茬效应和混交效应，只是初步观察的结果，还需进一步深入研究，用严密的试验数据加以证实。

第四章　铅笔柏栽培技术及示范研究

铅笔柏栽培技术及示范研究着重于已有研究成果的转化及示范推广，扩大铅笔柏在甘肃适生区域的应用范围及数量规模。

第一节　栽培技术示范研究内容及方案

一、研究内容

1.铅笔柏种源

已有试验表明，路易斯安那、南达科他、新英格兰、蒙大拿4个种源生长表现良好。它们将一并列入成果转化的内容，用于试验示范。

2.造林绿化苗木培育技术

利用"铅笔柏种源及栽培技术引进"的技术，采用二次培育方式，培育2～5年生不同大小的苗木，用于各类立地造林和园林绿化。在天水三阳苗圃和靖远试验基地建立苗木繁育基地100亩，培育苗木120万株。

3.铅笔柏栽培技术

选择立地条件比较优越的地方营造示范林，面积1000亩。

该研究的实施采用以点示范、全面带动的技术路线。选定育苗基地和示范林地后，精心设计技术方案。以基地及示范林建设为核心，辅以外围工作，全面实现预期示范推广目标。首先是加强与示范区当地政府的联系，争取政府的支持。其次是加强与电视、报纸、广播等媒体的联系，广泛宣传本研究示范推广的成果和铅笔柏科普知识。再次是发展重点示范户，给予重点指导。最后是选择条件较好的林场，

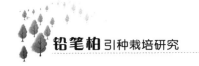

进行少量试验示范，以便进一步扩大铅笔柏栽培区。

二、技术方案

研究具体技术方案是引进铅笔柏种源，种子用赤霉素及低温层积处理，待种子露白时在大棚内用容器袋播种育苗，第2年移至大田培育。示范林营造采用穴状整地，规格 0.5 m×0.5 m×0.5 m，株行距 2 m×2 m，用容器苗栽植，平均苗高 25 cm。定植完毕后，及时浇水。

第二节　栽培技术试验示范

一、种苗材料

供试的铅笔柏种子经统一处理后，在天水三阳苗圃繁育基地进行容器育苗。天水、靖远、宁县试验点所用苗木均来自天水三阳苗圃铅笔柏繁育基地，苗龄为2年生。天水北山造林苗木2007年春从三阳苗圃出圃直接造林，靖远、宁县两地造林苗木2007年从三阳苗圃运到当地后在苗圃地进行管护，2008年春季出圃造林。由于各种源种子数量和出苗情况不一，因此天水、靖远、宁县、兰州阿干镇试验点的种源个数和数量依不同的试验目的而不同，天水试验点5个种源，主要是建立种质资源圃、进行种源间差异性对比试验及示范林的营造。靖远试验点4个种源即SD种源、LA种源、NE种源、MO种源，主要是进行适应性及抗逆性方面的试验，由于LA种源在2007年越冬时死亡，试验示范造林树种为所剩3个种源。宁县等试验点为单一种源，主要是进行与乡土树种的对比试验示范。

二、示范林营造及效果

1.造林技术设计

为了保证示范林营造质量，造林前先对示范林进行了技术标准设计（表4-1），造林时按设计方案执行，既统一了标准尺度，又方便了现场作业。

表 4-1　铅笔柏示范造林技术设计一览表

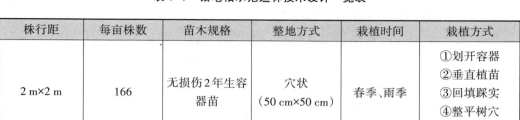

株行距	每亩株数	苗木规格	整地方式	栽植时间	栽植方式
2 m×2 m	166	无损伤2年生容器苗	穴状 （50 cm×50 cm）	春季、雨季	①划开容器 ②垂直植苗 ③回填踩实 ④整平树穴 ⑤栽后浇水

2.示范点自然概况

（1）天水秦州区

示范造林地位于城区南北两山中部，海拔 1320～1570 m，年平均降雨量 531 mm，年均气温 10.7 ℃，无霜期 170 d 左右，属大陆性气候。土壤为黄绵土、褐土，土层厚度 30～60 cm。宜林荒山植被主要是杂草、灌丛、蒿类，盖度 20%～40%。适宜树种有落叶松、油松、侧柏、刺槐、山杏等。

（2）榆中兴隆山

示范造林地位于兴隆山管理局上庄管护站，海拔 2600～2700 m，年降雨量 621.6 mm，相对湿度 68%，年均气温 5.0 ℃左右，无霜期 103 d，属大陆性气候，由于海拔较高，亦有高寒、半湿润多雨特征。表现为四季分明，水热同期，春季干燥多风，夏季昼热夜凉，秋季凉爽多雨，冬季寒冷少雪。土壤为石质山地发育的灰褐土，土层疏松，结构良好，富含有机质，平均含量 15% 左右，pH 值 7.5～8.5，呈弱碱性，土层厚度 30～60 cm。植被属森林草原类型，树种有白桦、红桦、山杨、辽东栎，灌木有枸子、小檗、沙棘、忍冬、蔷薇、刺五加、花楸等，草本有毛茛、苔草、莎草、多裂蒌蒿菜、唐松草、蒿类等。

（3）小陇山榆树林场

示范造林地位于场部附近山区中下部，海拔 1200 m 左右，年均气温 12 ℃，无霜期 214 d，年降雨量 746 mm，年均日照时数 1726.4 h，属亚热带湿润气候区和暖温带的过渡带。土壤为褐土类，结构良好，有机质丰富，呈中性，土层厚度 30～50 cm。森林覆盖率 46%。

（4）庆阳宁县

示范造林地位于县城附近，地处陇东黄土高原，海拔 1170 m，年降水量 574 mm，平均气温 8.7 ℃，无霜期 170 d 左右，年日照 2375 h，温润适中，四季分明，光照充足，冬干伏旱，属大陆性季风气候，亦有干旱半干旱特征。土壤为栗钙土。东部有山杨、白桦、青冈、油松为主的针阔叶混交次生林。

3.示范林营造技术

造林技术主要包括整地、苗木选择、起苗及运输、栽植方法、抚育管理，具体参照第二章试验方法，作为成果转化研究专项，本章不再重述。

4.示范林营造面积

研究共建立示范点5个，示范造林完成1123亩。其中天水秦州区北山180亩，南山（李官湾）435亩（2009年新造315亩），小陇山榆树林场50亩，庆阳宁县50亩，榆中兴隆山408亩（2009年新造）。造林时各示范点采用统一的技术标准，专业技术人员全程现场指导，严把质量关，以保证苗木成活，林相一致。造林后各示范点安排专人管护，防止人畜破坏，同时做好林地常规管理工作。

5.生长情况调查

2008年对示范林效果进行调查，结果显示，示范林平均成活率90.9%，保存率96.4%，树高达到1.03 m，新梢生长量0.40 m（表4-2）。冠高比为0.6。技术指标均达到计划要求。75%的示范林树势旺盛，生长良好，成林成材前景十分乐观。

表4-2　铅笔柏示范林评价因子调查结果

	面积(亩)	成活率(%)	保存率(%)	树高(m)	冠幅(m)	新梢生长量(m)	生长势
天水秦州区北山	180	96.8	99.2	2.25	0.96	0.54	良
天水南山(李官湾)	120	93.6	96.5	0.64	0.48	0.37	良
小陇山榆树林场	50	84.7	97.1	0.72	0.56	0.42	中
庆阳宁县	50	88.3	92.6	0.51	0.46	0.26	差
合计	400						
平均		90.9	96.4	1.03	0.62	0.40	

2009年10月，对天水三阳苗圃、天水北山、天水南山、宁县、靖远北滩、兰州阿干镇等6处试验示范点的试验示范林进行了生长情况调查，结果见表4-3。分析调查数据，可初步得出如下结论：

（1）铅笔柏在已布设的试验示范点均能生长；

（2）在立地条件非常好的情况下，铅笔柏定植第二年开始生长，否则第二年仍处于蹲苗期；

（3）铅笔柏定植4～5年后，表现出一定程度的速生性；

（4）阔叶树种遮阴对铅笔柏幼树生长均有负面影响，但刺槐的影响轻微。

综合试验示范点自然条件和生长情况来看，铅笔柏在甘肃的适生区域为陇南、天水、平凉、庆阳、兰州和白银。

表4-3　试验示范林生长情况调查结果

试验点	样地编号	调查株数	树高(cm)	秋梢长(cm)	冠幅(cm)	一级侧枝层间距(cm)	备注
三阳苗圃	1	60	117.0	16.5			2007年栽植,纯林
三阳苗圃	2	120	45.4				2007年栽植,国槐混交
三阳苗圃	3	60	116.0	16.7			2007年栽植,纯林
三阳苗圃	4	90	64.3	15.2			2007年栽植,国槐混交
三阳苗圃	5	30	55.6	12.0			2007年栽植,红花槐混交
三阳苗圃	6	30	66.3	12.8			2007年栽植,火炬树混交
天水南山	1	60	41.2	15.4			2007年栽植,退耕地,纯林
天水南山	2	120	42.2	16.4			2007年栽植,退耕地,纯林
天水南山	4	90	37.2	15.4			2007年栽植,退耕地,纯林
庆阳宁县		120	94.8	16.8	40.5	1.6	2007年栽植,退耕地,纯林
兰州阿干镇		150	51.1				2007年栽植,退耕地,纯林
天水北山	1	90	231.5	16.7	88.7	1.8	2005年栽植,退耕台地,刺槐混交
天水北山	2	90	255.5	19.9	86.5	1.9	2005年栽植,退耕台地,纯林
天水北山	3	60	215.4	18.0	68.9	1.8	2005年栽植,退耕台地,纯林
天水北山	4	30	264.0	22.0	73.4	2.0	2005年栽植,退耕台地,纯林
天水北山	5	120	250.1	18.7	79.5	1.7	2005年栽植,退耕台地,刺槐混交
天水北山	6	120	184.1	12.0	41.8	1.5	2005年栽植,退耕坡地,纯林
靖远北滩	1	30	144.6	20.8	46.6	1.6	2005年栽植,退耕地,杨树混交双行
靖远北滩	2	60	148.9	20.5	44.6	1.5	2005年栽植,退耕地,杨树混交双行
靖远北滩	3	90	155.8	21.77	54.4	1.5	2005年栽植,退耕地,杨树混交单行
靖远北滩	4	30	241.9	18.5	85.0	1.9	2005年栽植,退耕地,纯林

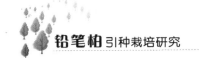

第三节　苗木繁育基地建设

2007年底至2008年9月，分别整理修缮了天水三阳苗圃、靖远刘梁基地、榆中定远基地的温室、渠道、土地等基础设施，保证了苗木生产的基本条件。三阳苗圃的日光温室已实现地下管道全天供水，苗木繁育面积已达到20亩。靖远基地通过维修，已具备渠道定期漫灌条件，该基地主要用于小苗移栽定植，培育大苗。在原有基础上，2008年苗木总面积已扩至40亩。榆中定远基地可随时利用井水提灌，2008年4月试验性定植苗木40亩，2009年部分苗木已销售，少部分苗木移植小康营。2009年10月，在兴隆山管理局麻家寺管护站定植小苗2.8万株，面积10亩。该研究现已建成苗木繁育基地共110亩。各基地交通、生产生活条件良好，人员齐备，可满足苗木生产各方面的需求。

第四节　绿化苗木培育

研究开展以来，通过小苗移栽，先后在靖远等地定植培育绿化大苗46870株，平均株高1.28m，具体情况见表4-4。这些苗木可用于园林工程、道路绿化、风景林营造及重点造林工程。据2007年6月甘肃林研工程公司在嘉峪关酒钢绿化工程试验可知，铅笔柏大苗（苗高1.5～1.8 m）带土球（≥35 cm）移栽，成活率为52%。

表4-4　绿化大苗基本情况一览表

	数量（株）	苗龄（年）	平均高（m）	冠幅（m）	株行距（m）	长势评价
三阳苗圃	15630	3～5	1.86	1.23	（0.5～1）×1	良
靖远基地	2900	6	1.52	1.46	2×2	良
榆中基地	28340	3	0.45	0.31	0.8×0.8	中
合计	46870					

为了探索提高苗木生产效率的途径，在培育苗木的同时进行了苗床底部铺砖试验，2009年10月的调查结果显示：

①在其他措施相同的情况下，2年生平均苗高仅差4.6%，铺砖与否对苗木生长基本无影响（表4-5）。

表4-5 苗床铺砖对苗高生长量的影响

处理	种源	调查株数	平均苗高(cm)		备注
铺砖	蒙大拿	330	33.9	31.6	
	马萨诸塞	360	30.7		
	南达科他	330	36.9		
	内布拉斯加	330	25.0		
对照	蒙大拿	570	37.1	30.2	
	马萨诸塞	300	21.6		
	南达科他	360	24.0		
	内布拉斯加	120	37.9		

②起苗时，铺砖苗床的苗木搬运方便，省时省力，在一定程度上提高了苗木生产效率（表4-6）。对照苗床由于根系扎入地下，必须用铁锹等工具先起挖，苗木才能搬运，而铺砖苗床可直接搬运，这样就避免了起苗伤根，大大提高苗木造林（或移栽）成活率。

表4-6 苗床铺砖对起苗效率的影响

处理	起苗方式	起苗数量（每人每小时）	效率比较（以对照为100）	备注
铺砖	直接搬运	363	232.7	起苗效率提高132.7%
对照	铁锹断根起挖	156	100	

第五节 铅笔柏区域试验

一、研究目标

选择典型地区营造试验林，连续观测评价各种源的生态适应性、生态价值、经济价值，确定各种源的适生范围。试验推广规模，营造试验林300亩，其中兰州市

50亩，天水市150亩，庆阳市50亩，陇南市50亩。

二、预期指标

1.提出组培育苗及扦插育苗技术，繁育无性苗1万株。

2.种子发芽率提高到50%以上，并提出种子育苗规程。

3.试验林造林成活率85%以上，提出铅笔柏在甘肃省的适应性评价结论及适生区域。

三、试验结果

2007年3月下旬至4月下旬，利用自育的1.5年生铅笔柏容器实生苗营造铅笔柏区域试验林共332亩，其中清水县、徽县榆树林场各造林50亩，宁县和西峰区共造林50亩，天水市秦州区造林110余亩，天水市三阳苗圃造林12亩，兰州市阿干镇造林30亩，榆中县造林30亩。2007年10月中旬调查，各试验点造林成活率均超过88.2%（表4-7）。从调查的情况来看，造林当年，定植当年幼树，各个试验点上均无明显生长。

表4-7 铅笔柏区域试验造林统计表

试验地点	造林时间	面积（亩）	株行距	成活率（%）	平均高（m）	优株高（m）	高生长量（m）
天水市清水县	2007年3月	50	2 m×2 m	90.6	0.62	1.21	0.38
陇南徽县榆树林场	2007年3月	50	2 m×2 m	82.3	0.72	1.51	0.42
庆阳市宁县	2007年3月	30	2 m×2 m	88.1	0.51	1.17	0.26
庆阳市西峰区	2007年3月	20	2 m×2 m	86.1	0.47	0.96	0.24
天水市秦州区	2007年3月	110	2 m×2 m	90.8	0.64	1.37	0.37
天水市三阳苗圃	2007年4月中旬	12	1 m×1 m	92.3	1.13	1.62	0.65
兰州市阿干镇	2007年4月上旬	30	2 m×2 m	88.1	0.48	1.07	0.22
兰州市榆中县	2007年4月上旬	30	0.8 m×0.8 m	87.3	0.45	0.98	0.21
平均				88.2	0.63	1.24	0.34

2008年春季，在天水市秦州区、天水市三阳苗圃、兰州市榆中县、兰州市阿干镇四处试验点调查，发现保存率有所下降，尤其兰州市阿干镇和榆中县试验点保存率较低。分析其原因有两点：一是2007年冬季遭遇严寒气候，少数树势较弱的幼树受冻枯死；二是这两处试验点，春季风多、风大，导致部分树势较弱的幼树风干而死。据文献资料（何旺盛，2008）介绍，在半干旱黄土地区运用针叶树造林，次年春季幼树风干枯死现象比较严重。2008年6月初，在兰州市榆中县造林试验点发现，部分已呈枯黄状态幼树有新芽萌发，说明铅笔柏造林有假死现象，这一结果与文献一致（丁家兴等，1995）。试验点均有部分植株遭受梢枯病和芽枯病为害，芽枯病感病率较高，其中天水三阳苗圃、兰州市阿干镇和榆中三处试验点感病率较高。

两年后各试验点的铅笔柏幼树长势良好，平均高0.63 m，优株平均高1.24 m，平均高生长量0.34 m；条件最好的天水市麦积区三阳苗圃，优株高达到1.62 m，平均高生长量达到0.63 m（表4-7）。

就现有的试验数据来看，可以初步确定，铅笔柏在各试验点所涉及的范围内都是适生的，即甘肃省兰州市以东的黄土高原地区。该区域为温带大陆性季风气候，属半湿润偏旱和半干旱区，年平均降水量300～600 mm。年日照时数2100～2800 h，年平均气温5.9～10.4 ℃，1月平均气温-9～-5 ℃，7月平均气温18～23 ℃，≥0 ℃积温2900～4000 ℃，≥10 ℃积温2100～3400 ℃，无霜期140～220 d。

第六节 研究实施效果

研究实施两年多，完成了计划目标任务，取得了良好的效果。

研究经济指标有四项，分别是苗木产量120万株、总产值600万元、缴税额20万元、净利润120万元。

研究实施以来，以天水三阳苗圃为中心，培育容器苗123万株（2008年40.1万株，2009年82.9万株），一年生苗木平均高7.3 cm，两年生30.9 cm。定植培育绿化大苗4.7万株，平均高1.28 m。苗木产量共127.7万株，完成计划任务的106.4%。

在做好试验示范工作的同时，研究参与人员和单位还积极推销其中间产品—苗木。把苗木销售工作始终作为示范、宣传推广的有机组成部分，研究参与各方都高度重视。以三阳苗圃为主，经省林科院、甘肃林研公司多方努力，近两年销售各类

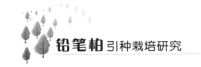

苗木（苗龄2~6年，苗高0.3~2 m）122.6万株，销售收入677.2万元，缴税总额20.3万元，实现利润130.0万元。

本研究培育容器苗123万株，以每株市价2元价格计，产值246万元；培育绿化大苗4.7万株，以每株市价28元价格计，产值131.6万元；营造示范林1123亩，以甘肃省森林植被恢复费标准每平方米4元计，价值299.2万元。三项合计676.8万元。

第七节　研究熟化程度及效益分析

研究以"十五"期间的科研成果为核心技术，紧密结合生产，有效地解决了铅笔柏育苗、造林所面临的关键性技术问题，经两年的转化实施，引进了4个铅笔柏种源，利用赤霉素浸种和低温催芽处理，各种源场圃容器育苗出苗率平均81.03%。应用此项种子处理技术，保证了种子育苗的成功率。试验示范林造林成活率90.9%，保存率96.4%，年高生长量0.40 m。绝大多数示范林生长良好。在试验研究和不断总结完善的基础上，由研究成员编写了行业标准——《铅笔柏育苗技术规程》，在广泛征求专家意见的基础上，已做了修改并上报国家林业和草原局，经审核后在全国发布。本项研究成果现已达到了较高的熟化程度和应用水平，进入示范推广阶段。

研究成果针对铅笔柏的产业化进行应用技术转化，可有效降低育苗、造林成本，提高铅笔柏产业的综合效益。整体技术水平达到国内领先水平，推广应用前景广阔。

研究实施以来，培育容器苗123万株，绿化大苗4.7万株，共127.7万株，营造示范林1123亩，产值达676.8万元。各类苗木销售收入677.2万元，实现利润130.0万元。

通过研究，初步建立了铅笔柏种苗产业化发展的基础，为促进当地生态环境建设、减轻水土流失、发展用材林后备资源提供了种苗基础和技术保障。将铅笔柏引进甘肃，不仅为城市绿化提供良好的树种，更为重要的是将进一步丰富甘肃适宜造林的树木种类，增加干旱、半干旱地区造林树种的多样性，为甘肃四大林业工程建设在适生树种选择和苗木供应方面提供一定的保障，对水源涵养林、用材林区提供了优良的更新树种。同时，有望打破甘肃省干旱、半干旱地区长期以来以侧柏为主的造林格局。研究培育的苗木大部分用于甘肃林研公司承担的绿化工程、天水部分区、县退耕还林工程等方面。铅笔柏苗木已推广至天水、兰州、白银、酒泉、张掖、庆阳、陇南等地和内蒙古自治区，形成广泛的社会影响力。

通过铅笔柏苗木培育技术的示范推广，有望带动一批农户开展苗木生产，增加农户经济收入，对于繁荣当地农村经济，增加就业机会，具有积极意义。同时，研究由于育苗、销售、造林管理等方面的工作需要，新增就业人员18人。研究执行过程中，大量使用当地劳动力，支付劳务费10万元左右，相当于为当地创造一批短期就业岗位，对农民群众来说，同样是一笔可观的收入。综合来看，本研究具有重大的社会效益。

研究实施营造示范林共1000多亩，已近成林，部分林地盖度基本达到水土保持有效盖度，在防止土壤侵蚀、保持水土、涵养水源、碳汇、释氧、改善环境等方面必将逐渐发挥出巨大的生态效益。

铅笔柏作为一个新的应用树种，与同类针叶树相比，造林和园林绿化景观效果好，并且苗木价格适中，因此具有市场竞争优势。

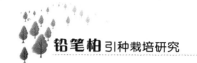

第五章　铅笔柏抗旱性研究

第一节　铅笔柏抗旱性研究概况

　　铅笔柏（*Sabina virginiana* L.）和侧柏（*Platycladus orientalis* L.）均是柏科类树种。铅笔柏又名北美圆柏、红柏，柏科圆柏属，常绿高大乔木，原产北美洲东部和中部，其分布范围自加拿大的东南部起经美国至墨西哥北部地区，是北美洲东部分布最广的针叶树种。铅笔柏的原分布区内，西部年降水量为 406 mm，南部为 1000～1500 mm，降水量分配有夏雨型，也有全年均匀分布型。年均气温 4～20 ℃，极端最高气温 32～41 ℃，极端最低气温 -43～-7 ℃。年生长期 120～250 d。铅笔柏适生于多种土壤，从岩石露头的干石山地和石灰岩山地到湿地均有生长。在其他树种难以生存的地方，也有铅笔柏天然林分布。

　　铅笔柏枝繁叶茂，树冠优美，适应性强，寿命长，用途广，是圆柏属中生长最快的树种，可因地制宜营造用材林、防护林，也可用作园林观赏、四旁植树及荒山绿化树种。由于本树种具有耐干旱、抗瘠薄的特点，在一般针、阔叶树种不易成林的荒山，可作为造林先锋树种，以达到绿化效果。铅笔柏一般无梨锈病发生，即使与易发生锈病的侧柏、桧柏种在一起，也很少受到感染，因此用作梨、苹果果园的防护林带树种也十分理想。

　　铅笔柏是圆柏属中生长最快的树种。早在 17 世纪即引入欧洲各国，近 100 年来不少国家植物园相继引种栽培。我国引种铅笔柏始于 20 世纪初期，先在南京试种，后在山东泰安、青岛等地试验栽培。近 30 年来，已陆续向长江以南、黄淮海平原、东北近海、华北平原、西北黄土高原扩展。经过多年的引种研究，证明铅笔柏在我国的适应范围较广。2000 年，甘肃省林业科学研究院从美国引进种源试验，取得了一定的成果，并在甘肃省天水市北山种植了大面积的铅笔柏苗木，现已成林。同时，在其周围也种植了侧柏苗木，通过长期观察，发现铅笔柏长势比侧柏长势要好。干旱、半干旱地区，水分是植物生存的主要限制因子，长期以来，侧柏被人们认为是北方树种中抗旱性较强的树种，因而树种的生理生态特性及其渗透势等水分参数的变化就成为树木水分关系研究中的一个重要部分。在我国，树木抗旱性评价经历了由植物形态解剖学特征到生理生化特征的发展过程。20世纪80年代初，随着水势理论在我国的引入，尤其是运用 $P-V$ 技术所获得的水分生理指标来评价植物的抗旱性，为进一步深入研究树木的抗旱性提供了新的方法和理论依据。国内许多学者的研究（孙志虎等，2003；田有亮等，2004；刘建平等，2004）都证明应用 $P-V$ 技术对树木抗旱性进行评价是一个切实可行的方法。水饱和状态时总体渗透势、零膨压（初始失膨点）时的总体渗透势、零膨压时（初始失膨点）总体相对含水量和相对渗透水含量、总体弹性模数最大值、膨压和水势的总体最大变化率以及总体水分活化能等指标都可以反映树木的耐旱性特征，特别是零膨压时（初始失膨点）总体渗透势具有稳定性高、种间可比性强等特点，因此本研究的内容一是采用 $P-V$ 技术，获得苗木水分参数，评价铅笔柏的耐旱特征。二是水分胁迫对苗木生长的影响。人为控制土壤含水量，研究水分状况与苗木高生长之间的关系。三是通过测定超氧化物歧化酶（SOD）、电导率等多项生理生化指标，揭示铅笔柏、侧柏的耐旱生理学机理，探讨两个树种对干旱环境的适应性差异，通过对其抗旱性进行研究，准确掌握铅笔柏的生态习性，为将来在甘肃各地不同立地条件下大规模应用铅笔柏造林打好理论基础。

植物抗旱性研究报道甚多，抗旱性鉴定指标包括抗旱指数（兰巨生等，1990）、抗旱系数（Chionoy，1962）、敏感指数（Fischer，1978）、生长发育指标（种子发芽率、存活率、株高、叶面积等）、形态指标（根数、根干质量、根/冠比、叶片大小、叶片形状等）、生理生化指标（水势、相对含水量、离体叶片抗脱水能力、外渗电导率、光合速率、ABA含量、SOD活性、MDA含量、硝酸还原酶活性、渗透调节能力等）。

经济林木方面，茶树、苹果、葡萄、桑树、柚树的抗旱性研究涉及指标主要有形态指标（叶片大小）和生理生化指标（含水率、持水能力、电导率、游离脯氨酸等），同时兼顾抗盐性及抗涝性的鉴定评价和提高树苗抗旱性技术方法的研究。

乔灌木树种方面，王孟本等（1996）采用 $P-V$ 技术（Pressure-Volume technique）进行杨树抗旱性的研究，对杂交无性系的8个品种进行了抗旱性分类。应用同一技术，刘广全等（1995）研究了油松、华山松、白皮松、圆柏、青海云杉、红桦、青杨、樟子松、侧柏和刺柏的抗旱性，结果表明，树种之间差异显著。孙志勇等（2009）用生理生化指标研究鹅掌楸抗旱性，得出6个杂交无性系的抗旱能力次序。李彦慧等（2004）用生理和生长指标综合评定了廊坊杨无性系的抗旱能力。蒋志荣（2009）在自然干旱和人为模拟干旱条件下，对白毛锦鸡儿、荒漠锦鸡儿、驼绒藜、蒙古莸、霸王和红砂6种灌木的生物生理学指标进行测定，比较了它们的生长适应性及抗旱生理生态特性。

目前常用于林木抗旱性鉴定的试验方法主要有田间鉴定法、旱棚或人工气候室法、盆栽鉴定法、间接鉴定法。抗旱性指标的选择非常多，主要的有形态指标、生长指标、生理生化指标三个方面。抗旱性评价方法包括对比分析法、聚类分析法、模糊数学综合评价法、主成分分析法。应用这些数量分析手段综合评价林木的抗旱性，可进一步从整体上揭示林木对干旱胁迫的抗性实质。

侧柏在我国分布范围十分广阔，抗逆性强，被大家公认为乡土树种；铅笔柏为引进树种，铅笔柏和侧柏均是柏科植物中的树种。我国对引进的铅笔柏树种抗逆性研究和资源利用重视不够，现只有少数乡土树种如侧柏、桧柏等被用于造林和绿化，除分类和生态学方面以外，很少在遗传变异、育种和培育技术等方面做过系统研究。我国现有大面积的造林困难立地条件，造林树种非常匮乏已成为生态环境建设的瓶颈问题，乡土树种因适应性和研究基础差而很难在短期内满足这种需求。对国外优良树种进行选择性引种栽培与推广，不仅可以迅速满足国内在该方面的需求，而且还可以丰富我国植物资源。

植物抗旱性是指在干旱条件下，植物具有不但能够生存，而且能维持正常或接近正常的代谢水平以及维持基本正常的生长发育进程的能力，Levitt（1980）和Turner（1983）等将植物的抗旱性划分为避旱性（Drought Escape）、御旱性（Drought Avoidance）和耐旱性（Drought Tolerance）3种不同类型。

（1）避旱性 这类植物主要是通过缩短生育期以逃避干旱缺水的季节，如某些沙漠植物以抗性极强的休眠种子度过干旱和寒冷季节，只有在雨季到来的一两个月内快速萌发生长完成生活史。

（2）御旱性 这类植物主要是通过形态结构上的变化，增强吸水和保水能力，营造适宜的生活内环境，使植物在干旱条件下体内处于水分较充足的状态。如仙人掌等，不仅在肉质茎中贮藏大量水分，而且有较厚的角质层，避免了水分的丢失；一旦遇到环境有水时，能快速生根吸收水分。

（3）耐旱性 这类植物具有忍受脱水而不受永久性伤害的能力，主要是通过原生质特性和生理代谢上的变化来忍受干旱的影响。大多数高等植物只能忍受正常含水量40%～90%的失水。但许多低等植物如真菌、藻类、地衣等能忍耐极端的干旱，可达气干状态而不丧失生活力。

　　Levitt（1980）在对作物适应干旱的机理进行了更进一步的分析之后指出：避旱、高水势下耐旱、低水势下耐旱是作物适应干旱的3种方式。避旱即通过调节生长发育进程避免干旱的影响。高水势下耐旱是通过减少失水或维持吸水达到目的。低水势下耐旱的途径是维持膨压或者是耐脱水或干化。其中，减少失水或耐干化的耐旱性都是以降低产量为代价的。作物适应干旱的机理有3种：御旱、耐旱和高水分利用效率。御旱主要是通过扩展根系和调节气孔来维持体内的高水势，耐旱的主要机制是渗透调节，高水分利用效率的作物和品种则能够在缺水条件下形成较高的产量。我们对引进铅笔柏树种进行抗旱性研究，有利于掌握其内在的生理特征和生活习性；而将其与国内乡土树种侧柏的抗旱性进行比较，有利于进一步的栽培与推广，真正做到适地适树。

第二节　试验地及试验材料概况

一、试验地点

1.甘肃省林业职业技术学院试验点

　　该处海拔1072.2 m，年平均气温12.5 ℃，极端高温39.5 ℃，极端低温-18.2 ℃，年相对湿度68%，年降水量598.5 mm，年蒸发量1298.5 mm，全年日照时间2033.5 h；地势平坦。

2.天水市麦积区三阳川苗圃试验点

　　该处海拔1084.2 m，年平均气温11.1 ℃，极端高温37.2 ℃，极端低温-17.6 ℃，年相对湿度69%，年降水量496.5 mm，年蒸发量1297.5 mm，全年日照时间2032.5 h；地势平坦，土壤为灰钙土，灌溉条件良好。

3.天水市秦州区杜家沟（北山）试验点

　　该处海拔1124.2 m，年平均气温12.1 ℃，极端高温39.2 ℃，极端低温-18.6 ℃，年相对湿度67%，年降水量496.5 mm，年蒸发量1297.5 mm，全年日照时间2032.5 h；地势为荒山坡地，土壤为灰钙土，灌溉条件差。

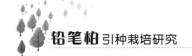

二、试验材料（铅笔柏、侧柏）

1. 甘肃省林业职业技术学院实验室幼苗情况

2014年10月在甘肃省林业职业技术学院实验室播种了铅笔柏、侧柏各50盆；铅笔柏每盆播种15粒，种子为2014-02-21冰点引发处理；侧柏每盆播种10粒，选用当地新产种子，播种前30 min处理；铅笔柏深度为0.5～1.0 cm；侧柏播种深度为0.8～1.2 cm，土壤为熟土∶森林土∶蛭石=3∶2∶1。

2. 天水市麦积区三阳川苗圃苗木生长情况

铅笔柏、侧柏苗是2006年所育，在天水市麦积区三阳川苗圃留下的苗木，2014年5月20日测定：铅笔柏树高H=1.7 m，胸径D=2.5 cm，地径d=3.8 cm，冠幅东西85 cm，南北95 cm；侧柏树高H=1.8 m，胸径D=2.56 cm，地径d=4.1 cm，冠幅东西95 cm，南北101 cm。

3. 天水市秦州区杜家沟（北山）苗木生长情况

铅笔柏、侧柏苗是2002年所育，在天水市麦积区三阳川苗圃留下的苗木，2014年5月22日测定：铅笔柏树高H=3.2 m，胸径D =6.5 cm，地径d=11 cm，冠幅东西160 cm，南北165 cm；侧柏树高H=2.9 m，D胸=6.2 cm，地径d=10.2 cm，冠幅东西180 cm，南北150 cm。

第三节　铅笔柏、侧柏树种含水量的测定

一、仪器设备

万分之一电子天平，修枝剪，记录表，标签，密封袋，塑料盆，刀片，吸水纸，托盘，烘箱，镊子，信封。

二、材料及方法

1. 材料

选取当年新生枝条做试验材料；枝条的部位是在挂牌标准木的东南方向中间部位剪取。

2.方法

取样时，从前一年芽托1～2 cm处直剪，将铅笔柏、侧柏样枝剪口分别立即封蜡，记录，挂牌，迅速装入放有湿毛巾的塑料袋内带回实验室；用同法依此做，铅笔柏、侧柏各取样10～15个枝条，带回到实验室后将铅笔柏、侧柏枝条从塑料袋各取出3支，用修枝剪剪去芽托部分，记录，标号，立即用万分之一电子天平称鲜质量，用盛有清水的容器浸泡枝条，分别在20 h、22 h、24 h、26 h、28 h、30 h时，从容器中取出枝条，用干毛巾和滤纸将枝条表面的水拭吸干净，分别用天平一一称重，记录，然后再用清水浸泡2 h，重复称重，直至恒重；重复测定后得出：铅笔柏枝条26 h时达到饱和，侧柏枝条24 h时达到饱和；在这里我们发现新的现象，就是浸泡超过饱和时间枝条的重量反而比饱和时的较轻。

三、计算公式及结果

1.计算公式

$$自然含水量（N_{wc}）=（m_f-m_d）/m_f×100\%$$
$$相对含水量（R_{wc}）=（m_f-m_d）/（m_{fs}-m_d）×100\%$$
$$水分饱和亏（W_{sd}）=1-R_{wc}$$

上式中：m_f—鲜质量；m_d—烘干质量；m_{fs}—饱和质量。

2.测定及计算结果

2014年9月14日早7：30采条，9：40称鲜质量后，立即浸泡；24 h后达到饱和，后称取饱和质量，称量后开始烘干；烘干时间为2014年9月15日16：10—2014年9月16日16：10，然后称取干质量。测定、计算数据见表5-1、表5-2。

表5-1　铅笔柏、侧柏枝条（三阳川、北山）含水量的测定

样品	编号	浸泡前称量(g)	浸泡24 h称量(g)	浸泡26 h称量(g)	浸泡28 h称量(g)	浸泡30 h称量(g)	103℃烘干后称量(g)
三阳川侧柏枝条含水量测定	1	1.94	2.29	2.25	2.31	2.28	0.85
	2	2.95	3.47	3.45	3.42	3.60	1.32
	3	1.61	1.92	1.90	1.87	1.95	0.66
三阳川铅笔柏枝条含水量测定	1	4.42	5.26	5.44	5.26	5.25	2.21
	2	3.25	4.00	4.10	4.06	4.06	1.83
	3	1.67	2.00	2.04	2.04	2.02	0.85

续　表

样品	编号	浸泡前称量(g)	浸泡24 h称量(g)	浸泡26 h称量(g)	浸泡28 h称量(g)	浸泡30 h称量(g)	103℃烘干后称量(g)
北山侧柏枝条含水量测定	1	3.80	4.27	4.26	4.23	4.20	1.99
	2	8.62	9.82	9.69	9.67	9.66	4.80
	3	3.56	4.07	3.99	3.97	3.98	1.86
北山铅笔柏枝条含水量测定	1	9.37	10.82	10.81	10.74	10.75	5.14
	2	6.50	7.48	7.19	7.42	7.40	3.49
	3	6.92	7.98	8.02	7.98	7.96	3.86

表5-2　侧柏、铅笔柏枝条（三阳川、北山）含水量的计算结果

样品		自然含水量(%)	相对含水量(%)	饱和亏(%)
三阳川侧柏	1	56.19	75.69	24.31
	2	55.25	75.81	24.19
	3	59.01	75.40	24.60
三阳川铅笔柏	1	50.0	68.42	31.58
	2	43.70	62.56	37.44
	3	49.10	68.91	31.09
北山侧柏	1	47.63	79.74	20.26
	2	44.32	75.79	24.21
	3	47.75	76.92	23.08
北山铅笔柏	1	45.14	74.47	25.53
	2	46.31	75.44	24.56
	3	44.22	73.56	26.44

同样的方法测定并计算出三阳川不同树龄枝条含水量的结果，如表5-3所示。

表5-3　三阳川不同树龄枝条含水量的测定

树种	自然含水量(%)	相对含水量(%)	水分饱和亏(%)	种植时间、地点
铅笔柏	50.44	63.14	36.86	2000年、三阳川
侧柏	54.30	80.1	19.90	2000年、三阳川
铅笔柏	52.41	62.5	37.5	2008年、三阳川
侧柏	57.94	65.47	34.53	2008年、三阳川

从计算结果来看，无论是在相同立地环境条件下，还是不同立地环境条件下，生长的铅笔柏自然含水量和相对含水量都低于侧柏的自然含水量和相对含水量；饱和亏铅笔柏的均高于侧柏的。

四、比较分析

树木枝条含水量是反映树木水分状况的一个重要指标，它直接影响树木的生长、气孔状况、光合功能及产量，同时也是在不同环境胁迫下，反映植物受胁迫程度的重要指标之一。树木相对含水量越大，说明其本身所需水分越高，抗旱性就越弱。从计算结果来看，铅笔柏的抗旱性大于侧柏。所以，我们测定铅笔柏、侧柏组织的含水量在其生理学研究中具有重要的理论和实践意义。相对含水量可作为比较树木保水能力及推算其所需水程度的指标。

第四节　水分胁迫对铅笔柏、侧柏幼苗生长的影响

一、试验材料

选择1年生大小基本一致的铅笔柏、侧柏苗木。

二、试验方法

人为控制土壤含水量，研究水分状况与苗木高生长之间的关系。测定其在超饱和水量、最大持水量（100%～75%）、轻度干旱水量（75%～50%）、中度干旱水量（50%～25%）、重度干旱水量（25%以下）（不供水直至死亡）的高生长。推算出土

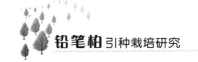
壤含水量与生长高度的关系。于2015年10月份选择1年生大小基本一致的铅笔柏、侧柏苗木各250株移栽于塑料盆中。塑料盆高20 cm、内径20 cm，共计100个，培养土为苗圃熟土（3份）和森林土（2份）、蛭石（1份）混合而成，苗木置于室内，温度17~25 ℃，透气性好，在充足供水条件下培养。缓苗结束，生长正常时，试验开始。

试验方案：每个树种试验共设5个水分处理。以土壤含水量饱和为基准，土壤含水量每减少25%作为一个处理，每盆5株。各处理重复3次，完全随机区组排列。试验开始后，严格按设定的土壤含水量指标值定时定量浇水。试验持续时间为无供水的盆栽树种开始干枯至死亡为止，期间每隔10 d测定一次高生长量、土壤水分蒸腾量。

三、计算方法

人为控制不同土壤水分状况，由水分过量、水分适当到水分亏缺；而抗旱性则需要测定的是不同水分亏缺程度下苗木的生长表现。

根据高生长指标量在抗旱性中的作用，确定其权重，把每次测定的高生长值进行加权求和，再求其平均值，然后从每一个处理中找出生长的最高值和最低值；用平均值减去最低值除以最高值减去最低值即得高生长指数。高生长指数与抗旱性成正相关，即生长指数越大，其抗旱性越强。用这种方法进行抗旱性评价时，关键在于各指标权重的确定，可采用经验法（如专家评分法），也可用数学分析法（如层次分析法、主分量分析法等）。然后应用模糊数学的隶属函数法计算铅笔柏、侧柏幼树在不同水分等级处理的生长指数，具体公式如下：

生长指数与不同水分等级成正相关 $X = (\overline{X} - X_{\min}) / (X_{\max} - X_{\min})$

式中为不同水分等级处理下：$\overline{X}$ 是高生长指标的平均值；$X_{\max}$ 是高生长指标的最高值；$X_{\min}$ 是高生长指标的最低值。

将各生长指数的抗旱隶属函数值累加起来，求其平均值，平均值越大，抗旱性就越强。生长指数顺序与抗旱性强弱按照5个等级分成：1-强，2-较强，3-一般，4-较弱，5-弱。

四、结果统计

通过计算，结果统计见表5-4。

表5-4　铅笔柏、侧柏幼树人工控制水分生长指数综合测定比较表

名称	盆数	株数	浇水量(每隔10d)(mL)	第一次测定(0d)平均高(cm)	第一次测定(0d)生长指数	第二次测定(10d)平均高(cm)	第二次测定(10d)生长指数	第三次测定(20d)平均高(cm)	第三次测定(20d)生长指数	第四次测定(30d)平均高(cm)	第四次测定(30d)生长指数	第五次测定(40d)平均高(cm)	第五次测定(40d)生长指数	第六次测定(50d)平均高(cm)	第六次测定(50d)生长指数	6次平均测定值平均高(cm)	6次平均测定值生长指数	生长指数排序
铅笔柏	3	15	276	8.0	0.555	8.6	0.3158	8.72	0.5429	9.5	0.5714	9.5	0.5714	9.8	0.5143	9.02	0.5118	3
	3	15	206	8.18	0.5767	8.8	0.6087	8.9	0.4872	9.4	0.6250	9.4	0.5	9.8	0.60	9.08	0.5663	2
	3	15	155	8.9	0.6429	9.01	0.6471	9.2	0.5019	9.8	0.6226	10.1	0.520	10.4	0.60	9.57	0.5891	1
	3	15	116	9.5	0.56	9.8	0.5116	9.9	0.4186	10.0	0.50	10.2	0.40	10.75	0.4182	10.03	0.4681	5
	3	15		8.0	0.50	8.8	0.5151	9.0	0.4722	9.1	0.5143	9.15	0.5143	9.3	0.4762	8.89	0.4987	4
平均																9.32	0.5268	
侧柏	3	15	276	8.2	0.5641	8.3	0.65	8.3	0.4194	8.3	0.650	8.4	0.5789	8.7	0.4678	8.37	0.5550	2
	3	15	206	6.95	0.5571	7.1	0.5484	7.2	0.5161	7.6	0.6154	8.0	0.750	8.0	0.5278	7.46	0.5858	1
	3	15	155	7.0	0.50	7.5	0.3922	7.6	0.4118	7.6	0.375	8.9	0.3334	9.3	0.3714	8.17	0.3973	5
	3	15	116	6.94	0.5273	7.0	0.4286	7.0	0.4286	7.3	0.4333	7.4	0.4334	7.5	0.50	7.19	0.4585	4
	3	15		6.0	0.4286	6.2	0.5714	6.5	0.3572	6.6	0.6071	6.7	0.6333	6.9	0.50	6.48	0.5163	3
平均																7.53	0.5026	

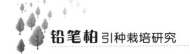
五、比较分析

1. 当土壤含水量在100%～75%之间时，60 d时生长指数平均值：铅笔柏为0.5118，侧柏为0.5550，侧柏＞铅笔柏，说明在水分充足饱和的情况下侧柏树种比铅笔柏树种更加适应生长。

2. 当土壤含水量在75%～50%之间时，60 d时生长指数平均值：铅笔柏为0.5663，侧柏为0.5858，侧柏＞铅笔柏，说明在轻度干旱的情况下侧柏树种比铅笔柏树种生长好。

3. 当土壤含水量在50%～25%之间时，60 d时生长指数平均值：铅笔柏为0.5891，侧柏为0.3973，铅笔柏＞侧柏，说明在中度干旱的情况下铅笔柏树种比侧柏树种生长旺盛。

4. 当土壤含水量在25%以下时，60 d时生长指数平均值：铅笔柏为0.4681，侧柏为0.4585，铅笔柏＞侧柏，说明在重度干旱的情况下铅笔柏树种比侧柏树种生长要好。

5. 从开始试验第1天起到试验第60天时，从未给土壤灌水，生长指数平均值：铅笔柏为0.4987，侧柏为0.5163，侧柏＞铅笔柏，说明在极其干旱的情况下侧柏树种比铅笔柏树种生长要好。

六、小结

通过5个等级人为控制土壤含水量，经观察测定，铅笔柏、侧柏长势表现均不一样，当处理土壤含水量在100%～75%、75%～50%、50%～25%、25%～0、60 d内不浇水情况下，铅笔柏长势表现为3、2、1、5、4，侧柏则表现为2、1、5、4、3；加权平均生长指数为：铅笔柏0.5268，侧柏0.5026；加权平均高：铅笔柏9.32 cm，侧柏7.53 cm。综合评判表明铅笔柏的生长势强于侧柏生长势。特别说明：第6次测定时的平均高生长均比第五次测定的平均高生长低，是因为第6次测定时已经有干枯枝稍现象。

第五节　采用P-V技术获得铅笔柏、侧柏苗木水分参数

铅笔柏和侧柏均是柏科植物中的树种。铅笔柏为国外引进树种、侧柏为乡土树

种，均为常绿高大乔木，是珍贵的用材树种和优良的园林绿化树种。我国引种铅笔柏始于20世纪初期，2000年甘肃省林业科学研究院从美国引进种源进行试验，取得了一定的成果，并在甘肃省天水市北山种植了大面积的铅笔柏，现已成林。同时，在其周围也种植了侧柏，发现铅笔柏长势比侧柏长势要好。而在干旱、半干旱地区，水分是植物生存的主要限制因子，长期以来，侧柏被人们认为是北方树种中抗旱性较强的树种，因此，我们对铅笔柏、侧柏两树种的形态、生态特性经过多方面观察，运用P-V技术对其水分参数进行一系列研究、比较，来揭示铅笔柏、侧柏的幼树耐旱生理学机理；通过对铅笔柏抗旱性进行研究，准确掌握铅笔柏的生态习性，为将来在各地不同立地条件下大规模应用铅笔柏造林打好理论基础。

一、甘肃林业职业技术学院试验点

1.材料与方法

（1）试验材料

试验点选在甘肃林业职业技术学院内。试验材料为2年生室内自育苗木，生长环境良好。于2016年9月9日下午2：30—3：00采样，选取采样母株为：铅笔柏树高（H）0.2 m，地径（D）0.3 cm；侧柏树高（H）0.25 m，地径（D）0.3 cm，各1株，均选其树顶梢生长良好、无病虫害的当年生枝条作为测试材料。

（2）试验方法

① 编制记录测定表：根据测定所需数据，设计水势记录表并翔实记录好测定过程中的每个数据及发生的变化现象。

②P-V曲线的制作：先选好铅笔柏、侧柏幼树各1株，作为标准木，在标准木上各选1枝样枝，选好样枝后，标号，分别从样枝上剪取10～15 cm长的顶梢枝条作为测试材料，立即称其鲜质量（电子天平型号：SHIMAD$_2$U，1/10000），然后将样枝浸泡在盛有清水的塑料盆中，记录并编号；铅笔柏饱和吸水26 h，侧柏饱和吸水24 h（经反复试验测得）；样枝达到吸水饱和状态时立即取出，用吸水纸擦干样枝表面的水分，迅速称其饱和重；将小枝基部0.5～1 cm处表皮剥离外露（注：剥离的表皮放好，最后要烘干称质量），防止测定过程中产生液、气泡，然后立即将样枝装入压力室（3115便携式植物压力室，美国产）内。采用Hammel法，用自制的吸水棒，1～2 cm长套在小枝上面收集被压出的水分量（注：每次套在小枝上面的吸水棒先要称其干重），每次升、减压的速度不得大于0.2 Pa/min，在该平衡压处保持15 min左右，直到所需平衡压，取出吸水棒并称重计算该平衡压处被压出的水

分量；重复以上步骤，升高平衡压测定9～12个点，计算出全过程中样枝在每个平衡压处所对应的累计出水量；最后从压力室中取出小枝加上剥离的表皮，一并放于恒温烘箱（型号：DGG-9240A），设定在103 ℃下烘干至恒重，从烘箱取出样枝称干质量。以每次测得的平衡压的倒数$1/P_E$（mL）为纵坐标，以每次平衡压处压出的木质部累计水分量V_E（mL）为横坐标，绘制$P-V$曲线；利用计算机Excel表插入散点图及趋势线回归方程。获得如图5-1（铅笔柏幼树$P-V$曲线）、图5-2（侧柏幼树$P-V$曲线）；表5-5是铅笔柏、侧柏两个幼树枝条的水势与膨压的回归直线方程。

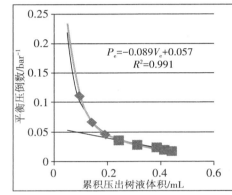

图5-1　铅笔柏幼树$P-V$曲线

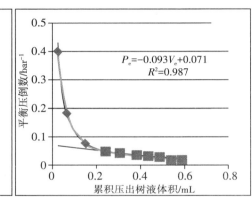

图5-2侧柏幼树$P-V$曲线

表5-5　铅笔柏、侧柏两个幼树枝条的水势与膨压的回归直线方程

树种	直线方程	x	y	R^2	R
铅笔柏	$P_E=xP_V+y=-0.089P_V+0.057$	0.089	0.057	0.991	0.9955
侧柏	$P_E=xP_V+y=-0.093P_V+0.071$	0.093	0.071	0.987	0.9935

2.计算方法与结果

根据图5-1、图5-2和测定的铅笔柏、侧柏样枝m_f（鲜质量）、m_{fs}（饱和质量）、m_d（干质量）、求得铅笔柏、侧柏的水分参数。

（1）计算方法

①延长直线与纵坐标的交点为饱和吸水时总体原初渗透势（P_0）的倒数（$1/P_0$）；

②直线与曲线相交的纵坐标值的倒数（P_P）$^{-1}$，即（P_P）零膨压时的渗透势、初始质壁分离时的总体渗透势；

③$\Delta P=P_P-P_0$；

④延长直线与横坐标相交所得的值为饱和渗透水的原初含水量（V_0）；

⑤D_{ROC}（相对渗透含水量）=（m_0-m_d）/$m_0\times100\%$，$m_0=\rho V_0$；

⑥D_{RWC}（零膨压时相对含水量）=$m_t/m_{fs}\times100\%$，$m_t=m_{fs}-m_d$；

⑦D_{RWD}（零膨压时相对饱和亏）=（$1-D_{RWC}$）$\times100\%$；

⑧D_{ROWC}（零膨压时自然含水量）=$m_a/m_f\times100\%$，$m_a=m_f-m_d$；

⑨m_p/m_0（零膨压点时的渗透水与饱和水之比）$\times100\%$，m_p（零膨压点时的渗透水）=$m_{fs}-m_f$；

⑩D_{AWC}（质外体水分相对含量）=$m_a/m_t\times100\%$；

⑪$\Delta D_{PWC}=D_{AWC}-D_{ROC}$；

⑫E（总体体积弹性模量）=$\Delta P/\Delta D_{PWC}\times100\%$。

式中单位：重量为g；压力势为Pa；保留小数0.0001。

（2）计算结果

各指标计算结果见表5-6。

表5-6　铅笔柏、侧柏幼树$P-V$曲线的主要水分参数

树种	树龄（a）	水分参数								
		P_0（-Pa）	P_P（-Pa）	P_P-P_0（-Pa）	D_{ROWC}（%）	D_{RWC}（%）	D_{AWC}（%）	D_{ROC}（%）	D_{RWD}（%）	m_p/m_0（%）	E（%）
铅笔柏	2	17.5439	28.5714	11.0275	75.8	80.66	75.09	56.874	19.34	44.797	60.538
侧柏	2	14.085	20	5.915	77.82	82.02	76.95	62.892	17.99	39.004	42.0667

3.分析

根据表5-5可得出：铅笔柏、侧柏两种幼树水势（P_E）和膨压（P_v）呈良好的线性关系（$P_E=xP_v+y$）。相关系数R值都在0.99以上；铅笔柏的R值略高于侧柏，说明铅笔柏直线拟合性强于侧柏；在线性回归方程（$P_E=xP_v+y$）中，y值表示铅笔柏或侧柏幼树枝叶叶细胞饱和吸水时总体原初渗透势，x值表示铅笔柏或侧柏幼树枝叶渗透势随叶水势下降的速度。维持树木组织细胞膨压的大小主要是树木渗透调节的作用，枝叶水势下降的速度可反映出树木渗透调节的能力。因此，x值可作为反映树木渗透调节能力的指标。其x值与枝叶膨压升降的速度成正比，与树木渗透调节能力成反比关系；从表5-5可以看出，侧柏树种的y值和x值均高于铅笔柏树种，说明铅笔柏树种在干旱逆境条件下，组织渗透调节和保持膨压能力比侧柏要强。

根据表5-6可得出：P_0值是树木饱和吸水时总体原初渗透势，P_P值是树木细胞

膨压为零时（初始质壁分离时）的总体渗透势。P_0 和 P_P 值的大小直接影响到植物体的生理生化过程以及生长发育的进程，P_0、P_P 的绝对值越大，说明该树木忍耐脱水的能力越强，在干旱环境中自身调节能力越大。因此在选育良种及造林树种上都有非常重要的意义。从表5-6中可以看出，铅笔柏 P_0、P_P 的绝对值均大于侧柏的 P_0、P_P 值，说明铅笔柏幼树忍耐脱水的能力比侧柏幼树强；P_P-P_0 值是渗透水丢失相对量，其值降低到一定程度时，会引起植物的水势降低，而水势是保证细胞伸长等生理活动所需要的必要条件。所以树木组织细胞能够保持膨压是一种主要的抗旱机理，而铅笔柏树种渗透水丢失相对量（P_P-P_0）值低于侧柏树种的值，说明铅笔柏树种在组织失水过程中，渗透水损失量少，抗旱保水能力强于侧柏。表现铅笔柏自身"遗传"特性对干旱环境具有较强的耐旱适应能力。

零膨压时自然含水量（D_{ROWC}）和零膨压时相对含水量（D_{RWC}）是反映植物组织细胞忍耐脱水的能力，我们通常把它作为判断植物耐旱性的重要指标；一般认为，D_{ROWC} 值和 D_{RWC} 值越高，表明树木的组织细胞在很高的渗透水含量下才能发生质壁分离，侧柏树种的 D_{ROWC} 值和 D_{RWC} 值均高于铅笔柏，说明侧柏在干旱逆境条件下细胞组织能维持的水分含量较低，其抗脱水能力较弱；反之，则强。

质外体相对含水量（D_{AWC}），是指存在于树木组织原生质以外的含水量，一般认为在细胞溶质含量不变的情况下，D_{AWC} 值越大，细胞的渗透势越低，其吸水和保水能力就越强，植物的抗旱性也就越强；侧柏的 D_{AWC} 值略高于铅笔柏的 D_{AWC} 值。

相对渗透含水量（D_{ROC}），是指在细胞溶质含量不变的情况下，D_{ROC} 值越小，植物组织的渗透势也越小，植物组织吸水和保水能力也越小，其抗旱能力也越弱；铅笔柏的 D_{ROC} 值低于侧柏的 D_{ROC} 值。

零膨压时相对水分亏缺（D_{RWD}），细胞组织相对水分亏缺值越低，其抗旱保水性越强。而铅笔柏的 D_{RWD} 值高于侧柏，表明铅笔柏幼树抗旱保水性弱于侧柏幼树。

束缚水与自由水的比值是由细胞壁特性所决定的"渗透调节"能力，其值越大，表明"渗透调节"能力越强；铅笔柏的 m_P/m_0 的值大于侧柏的 m_P/m_0 的值，证明铅笔柏的渗透调节能力强于侧柏。

总体体积弹性模量（E），是评价树木耐旱性特征的一项重要指标；通常认为，E 值越高，表明树木组织细胞壁越坚硬，弹性越小，反之，弹性越大；高弹性组织比低弹性组织具有更大的保持膨压能力；侧柏的最大体积弹性模量值低于铅笔柏的值，表明侧柏幼树组织细胞比铅笔柏幼树组织细胞富有弹性，其维持膨压能力强于铅笔柏。

4.讨论

目前为止饱和吸水时渗透势、初始质壁分离时的总体渗透势、饱和渗透水的原初含水量，其值还没有先进的方法和技术来取得，只有采用 P-V 曲线技术对树木的抗旱性进行研究。因此我们借助此项技术对甘肃林业职业技术学院内两种幼树的主要抗旱水分参数进行研究，结果表明：铅笔柏 P_0、P_P、零膨压时自然含水量（D_{ROWC}）、零膨压时相对含水量（D_{RWC}）均明显低于侧柏；较低的渗透势 P_0、P_P，以较强的抗脱水能力维持自身正常的生理代谢过程以适应干旱环境。P_0、P_P 这两个参数是植物对环境条件长期适应而形成的，由植物自身的遗传特性所决定。而铅笔柏渗透水丢失相对量（P_P-P_0）值高于侧柏，表明铅笔柏在干旱环境下具有较强从土壤中吸取水分的潜能。束缚水与自由水的比值是由树木组织的细胞壁特性所决定的"渗透调节"能力，其值越大，表明"渗透调节"能力越强；铅笔柏的 m_P/m_0 的值大于侧柏的 m_P/m_0 的值，证明铅笔柏的渗透调节能力强于侧柏。因此，我们选用幼树铅笔柏、侧柏枝条木质化作为材料进行测定，证实铅笔柏的 P_0、P_P、D_{ROWC}、D_{RWC} 比侧柏较低，表明试验结果是真实可靠的。特此说明：本次结果与2014年、2015年试验测定的铅笔柏、侧柏成年树结果趋势相一致。

二、天水市三阳苗圃试验点

1.材料与方法

（1）试验材料

试验点选在甘肃省天水市三阳苗圃。该处海拔1084.2 m，年平均气温11.1 ℃，极端高温37.2 ℃，极端低温-17.6 ℃，年相对湿度69%，年降水量496.5 mm，年蒸发量1297.5 mm，全年日照时间2032.5 h，灌溉条件良好。试验材料为2000年和2008年甘肃省林业科学研究院在天水市三阳苗圃承担课题所育的铅笔柏、侧柏苗木。

试验材料生长环境良好，土壤水分适宜。于2015年9月16日清晨8：00—9：00采样，选取树冠中下部、东南方向生长良好的当年生枝条作为测试材料。

（2）试验方法

制作 P-V 曲线：分别在铅笔柏、侧柏（2000年）、（2008年）生长的树中各选1株，从其上选取取样部位截取10～15 cm长的枝条，每个处理仅测1次 P-V 曲线。

修整供试样枝基部平齐以便测定，称鲜质量记录后，插入盛有清水的烧杯中浸泡，置于暗处，记录时间。经反复试验确定，铅笔柏样枝吸水26 h达到饱和，侧柏样枝吸水24 h达到饱和。试样达到吸水饱和后，取出剥去基部0.5 cm的表皮，暴露木质部，称量记录饱和质量，迅速装入压力室（ZLZ–5型，兰大制）测定。20～25℃室温条件下，采用Hammel逐步升压法测定并绘制试样P–V曲线。用透明胶带封装并以过滤纸包裹的药棉棒套在小枝上面收集被压出的树液，药棉棒长约1 cm，先称量记录干质量。每次升压、减压速度低于0.2 Pa/min，直到所需平衡压，保持10～15 min。取出吸水药棉棒，迅速称量计算收集的树液体积。重复以上步骤，依次升高平衡压9～15次，计算出全过程中样枝在每个测点的树液体积。从压力室中取出测试样，103℃烘干至质量恒定，称量记录干质量。利用Excel软件处理数据，绘制P–V曲线（图5–3），以每个测点平衡压的倒数为纵坐标（$1/P_E$），以每个测点收集的树液累计体积（V_E）为横坐标，曲线部分为各个测点的平滑连线，直线部分利用趋势线法获得，以相关系数平方值最大值为准。

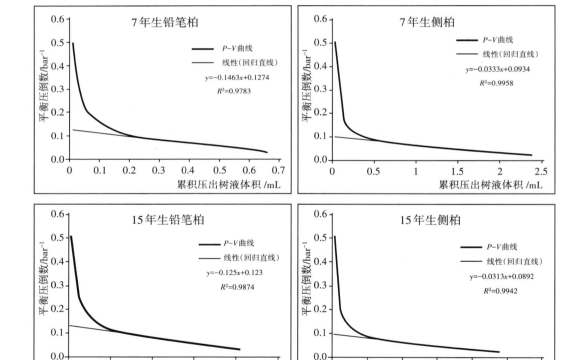

图5-3 铅笔柏、侧柏试样P–V曲线

2.结果与分析

通过测定两个树种不同年龄枝条的鲜质量、饱和质量、干质量、充分吸水时渗透势（P_0）、零膨压时渗透势（P_p）、计算得出两个树种不同年龄枝条零膨压时相对渗透水含量（D_{ROWC}）、零膨压时相对含水量（D_{RWC}）、零膨压时相对水分亏缺（D_{RWD}）、质外体水分相对含量（D_{AWC}）、零膨压点时的渗透水与饱和水的比值（m_p/m_0），如表5-7所示。

表5-7 铅笔柏、侧柏 P–V 曲线的主要水分参数特征

树种	树龄(a)	水分参数							
		P_0 (−Pa)	P_p (−Pa)	P_p−P_0 (−Pa)	D_{ROWC} (%)	D_{RWC} (%)	D_{AWC} (%)	D_{RWD} (%)	m_p/m_0 (%)
铅笔柏	7	5.5	4.5	1.0	52.41	62.50	36.37	37.50	22.46
	15	7.5	6.0	1.5	50.44	63.14	43.93	36.86	18.14
侧柏	7	4.5	4.0	0.5	57.94	65.47	32.21	34.53	18.87
	15	6.0	5.0	1.0	54.30	80.10	35.71	19.90	10.16

注：P_0 表示充分吸水时渗透势；P_p 表示零膨压时渗透势；D_{ROWC} 表示零膨压时相对渗透水含量；D_{RWC} 表示零膨压时相对含水量；D_{AWC} 表示质外体水分相对含量；D_{RWD} 表示零膨压时相对水分亏缺；m_p/m_0 表示零膨压点时的渗透水与饱和水的比值。

从表5-7得出：两个树种的 P–V 曲线水分参数明显不同。铅笔柏在充分吸水时渗透势（P_0）和零膨压时渗透势（P_p）均低于侧柏，表明铅笔柏在干旱状态下能保持正常的膨压，即从干旱环境中吸水维持膨压的能力强。当土壤的含水率降低，引起植物的水势降低时，组织能够保持膨压是一种主要的抗旱机理，是保证细胞伸长等生理活动所需要的。而侧柏在水分饱和到组织失水的过程中，渗透水丢失相对量（P_p−P_0）值低于铅笔柏，说明在组织失水过程中，侧柏渗透水损失量少。这是其在渗透调节能力较小的情况下，从另一方面所表现出来的抗旱保水特性。零膨压点时的渗透水与饱和水的比值（m_p/m_0）表示由细胞壁特性所决定的"渗透调节"能力。铅笔柏的 m_p/m_0 略高于侧柏，表明铅笔柏比侧柏的渗透调节能力较强，这种渗透调节能力有助于维持膨压，增强其吸水能力，是其抗旱能力的另一种表现形式。零膨压时的相对渗透水含量（D_{ROWC}）和零膨压时相对含水量（D_{RWC}）是判断植物耐旱性的重要指标，一般认为，D_{ROWC} 值和 D_{RWC} 值越低，表明组织细胞在很低的渗透水含量下才发生质壁分离，在一定程度上反映植物组织细胞忍耐脱水的能

力。铅笔柏的 D_{ROWC} 值和 D_{RWC} 值均低于侧柏，说明其在干旱逆境条件下细胞组织能维持较高的水分含量，增强植物的抗脱水能力。质外体含水量（D_{AWC}）指存在于原生质以外的水分，主要与某些大分子物质结合或存在于细胞壁中，一般在溶质含量不变的情况下，D_{AWC} 值越大，组织的渗透势越低，其吸水和保水能力就越强，植物的抗旱性也就越强，铅笔柏的 D_{AWC} 值高于侧柏。组织细胞相对水分亏缺（D_{RWD}）值越低，其抗旱保水性越强。而铅笔柏的 D_{RWD} 值高于侧柏，表明铅笔柏是以牺牲部分干物质来抵御干旱以渡过干旱逆境的。

铅笔柏、侧柏（7a生）与铅笔柏、侧柏（15a生）的水分参数特征相比较，其主要水分参数 P_0、P_p、P_p-P_0、D_{ROWC}、D_{AWC}、D_{RWD}、D_{RWC}、m_p/m_0 均相一致，说明不同龄林的铅笔柏、侧柏抗旱生理学机制相同。

3.讨论

利用 P-V 技术对树木的抗旱性进行研究，国内已有诸多报道（左轶琴等，2009；曾凡江等，2000）。我们借助此项技术研究了天水三阳川苗圃铅笔柏、侧柏两个树种不同龄林的主要抗旱水分参数。结果表明，铅笔柏（7a生）和（15a生）充分吸水时的渗透势（P_0）、零膨压时的渗透势（P_p）、零膨压时相对含水量（D_{RWC}）和零膨压时的相对渗透水含量（D_{ROWC}）均明显低于侧柏；而渗透水丢失相对量（P_p-P_0）值高于侧柏，表明铅笔柏在干旱条件下具有较强吸取土壤水分的潜势，能维持较低的渗透势 P_0、P_p，保持正常的膨压和较高的组织含水量，以较强的抗脱水能力维持自身正常的生理代谢过程以适应干旱环境。前人研究认为 P_0、P_p 这两个参数是植物对环境条件长期适应而形成的，是由植物自身的遗传学特性所决定的。因此，我们选用不同龄林的铅笔柏和侧柏做材料，在其枝条木质化成熟期时进行测定，结果都证实铅笔柏比侧柏的 P_0、P_p、D_{ROWC}、D_{RWC} 均较低，表明试验结果是真实可靠的。同时在以后的试验中有必要对这两种树木在整个生长期中的 P-V 曲线进行测定，以比较各树种的渗透势随季节的变化趋势，从而进一步确定两个树种的抗旱适应性生理差异。

三、天水市北山（杜家沟）试验点

1.材料与方法

（1）试验材料

试验材料取自16年生（造林时间2000年）的铅笔柏、侧柏试验林。林内选取长势良好的植株挂牌标号，作为标准木。2016年9月10日下午2：30—3：00，从标准木树冠中下部、东南方向剪取当年生枝条为样枝，样枝无病虫害、无机械损伤、无球果，长 10～15 cm，剪口位于当年芽鳞痕以下约 1 cm，标记编号。供试样枝剪取后立刻用湿毛巾包裹封装于塑料袋内带回室内测定。

（2）试验仪器

称量所用天平精度为万分之一，型号 SHIMAD₂U。便携式植物压力室为美国产，型号 3115。恒温烘箱，型号 DGG-9240A。

（3）P-V 曲线的制作

修整供试样枝基部平齐以便测定，称量鲜质量记录后，插入盛有清水的烧杯中浸泡，置于暗处，记录时间。经反复试验确定，铅笔柏样枝吸水 26 h 达到饱和，侧柏样枝吸水 24 h 达到饱和。试样达到吸水饱和后，取出剥去基部 0.5 cm 的表皮，暴露木质部，称量记录饱和质量，迅速装入压力室测定。在 20～25 ℃室温条件下，采用 Hammel 逐步升压法测定绘制试样 P-V 曲线。用透明胶带封装并以过滤纸包裹的药棉棒套在小枝上面收集被压出的树液，药棉棒长约 1 cm，先称量记录干质量。每次升压、减压速度低于 0.2 Pa/min，直到所需平衡压，保持 10～15 min。取出吸水药棉棒，迅速称量计算收集的树液体积。重复以上步骤，依次升高平衡压 9～12 次，计算出全过程中样枝在每个测点的树液体积。从压力室中取出测试样，放在恒温烘箱 103 ℃烘干至恒重，称量记录干质量。

利用 Excel 软件处理数据，绘制 P-V 曲线，以每个测点平衡压的倒数为纵坐标（$1/P_E$），以每个测点收集的树液累计体积（V_E）为横坐标，曲线部分为各个测点的平滑连线，直线部分利用趋势线法获得，以相关系数平方值最大值为准，如图 5-4、5-5 所示。

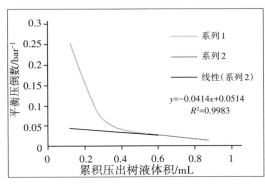

图 5-4 （北山）铅笔柏试样 P-V 曲线

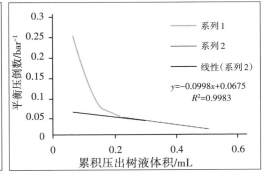

图 5-5 （北山）侧柏试样 P-V 曲线

图 5-4、图 5-5 中系列 1、系列 2 表示 P-V 曲线；线性（系列 2）表示回归直线趋势线。

（4）计算方法

同甘肃林业职业技术学院试验点计算方法。

2.结果与分析

（1）计算结果

计算结果见表5-8。

表5-8 北山铅笔柏、侧柏P-V曲线的主要水分参数

树种	树龄(a)	水分参数									
		P_0 (-Pa)	P_p (-Pa)	P_p-P_0 (-Pa)	D_{ROWC} (%)	D_{RWC} (%)	D_{AWC} (%)	D_{ROC} (%)	D_{RWD} (%)	m_p/m_0 (%)	E(%)
铅笔柏	16	19.6078	33.333	13.7255	50.171	60.46	65.86	21.55	39.54	51.0652	21.55
侧柏	16	14.9254	22.222	7.2968	82.074	76.58	77.17	29.16	23.42	37.692	15.199

注：P_0表示饱和吸水时渗透势；P_p表示初始质壁分离时的总体渗透势；D_{ROWC}表示零膨压时自然含水量；D_{RWC}表示零膨压时相对含水量；D_{AWC}表示质外体水分相对含量；D_{ROC}表示相对渗透含水量；D_{RWD}表示零膨压时相对水分亏缺；m_p/m_0表示零膨压点时的渗透水与饱和水之比（束缚水/自由水）；E表示最大体积弹性模量。

（2）分析

由表5-8可以得出：铅笔柏、侧柏2个树种的水分参数明显有差异。铅笔柏枝条原初总体渗透势（P_0）和失膨点总体渗透势（P_p）均低于侧柏（绝对值大）。原初总体渗透势（P_0）是植物吸水饱和处于完全膨胀状态的渗透势，是植物组织吸水能力的表现，其值越大（绝对值越小），组织的吸水能力越强，越能够从更为干旱的环境中吸收水分，即其抗旱能力越强。P_p是植物组织细胞初始失去膨压开始发生质壁分离时的水势。维持组织膨压，植株才能维持正常的生理生化过程。当膨压为零时，植物组织细胞质壁分离，细胞吸水发生困难，叶片开始萎蔫，生理生化难以正常进行。所以P_p是组织维持膨压能力的体现，其值越低，植物组织忍耐脱水的能力愈强，在干旱环境中更利于自身调节。因此，测定结果表明，铅笔柏抗旱能力和组织忍耐脱水的能力均高于侧柏。

P_p-P_0值同样是植物组织耐脱水能力的体现，该值大说明组织忍耐脱水的能力强，该值小则说明组织忍耐脱水的能力弱；另一方面，在土壤水分能够满足植株组织细胞膨胀需求时，该值小的植物能够维持较高的细胞膨胀度，膨胀度越高，生理活动越旺盛。而铅笔柏的P_p-P_0值高于侧柏，说明铅笔柏忍耐脱水抵抗干旱的能力强于侧柏；在土壤水分相对充裕时则能够维持较高的细胞膨胀度，生理活动比较旺

盛，这可能是侧柏在同样易遭受干旱胁迫的立地条件中生长较铅笔柏旺盛的原因。

D_{ROWC}（零膨压时自然含水量）、D_{RWC}（零膨压时相对含水量）是判断植物耐旱性的重要指标，一般认为该值越低，表明植物组织在很低的含水量下才发生质壁分离，因此可以在一定程度上反映植物组织细胞忍耐脱水的能力。由表5-8可见，铅笔柏的 D_{ROWC}、D_{RWC} 值均低于侧柏，说明铅笔柏忍耐脱水的能力强于侧柏。

D_{AWC}（质外体相对含水量）是指存在于植物组织原生质以外的水分，主要与某些大分子物质结合或存在于细胞壁中，一般在溶质含量不变的情况下，D_{AWC} 值越大，组织的渗透势越低，其吸水和保水能力就越强，植物的抗旱性也就越强；而铅笔柏的 D_{AWC} 值略低于侧柏的 D_{AWC} 值。

D_{ROC}（相对渗透含水量）是指在溶质含量不变的情况下，D_{ROC} 值越大，植物组织的渗透势也越强，植物组织吸水和保水能力也越大，其抗旱能力也越强；侧柏的 D_{ROC} 值大于铅笔柏的 D_{ROC} 值。

D_{RWD}（相对水分亏缺），细胞组织相对水分亏缺 D_{RWD} 值越低，其抗旱保水性越强。而铅笔柏的 D_{RWD} 值高于侧柏，表明侧柏抗旱保水性强于铅笔柏。

m_p、m_0 和 m_p/m_0 的比较：m_0 为饱和时渗透水的原初含水量，m_p 为零膨压点时的渗透水，枝条的水分由 m_0 和 m_p 两部分组成，m_p 含量较多时，在水分充足条件下，植物代谢活动较强，但在干旱条件下，m_0 非常容易散失。m_p/m_0 值较大时，在干旱条件下，植物保持水分的能力强。所以 m_p/m_0 的值可以作为评价植物抗旱性强弱的一个指标。铅笔柏的 m_p/m_0 的值大于侧柏的 m_p/m_0 的值。

E 为最大体积弹性模量，在评价树木耐旱性中占有重要的地位。通常认为，最大体积弹性模量值越高表示细胞壁越坚硬，弹性越小，反之，则说明细胞越柔软，弹性越大；随着组织含水量和水势的下降，高弹性组织具有比低弹性组织更大的保持膨压能力，侧柏的最大体积弹性模量小于铅笔柏，表明侧柏细胞富有弹性，维持膨压能力强于铅笔柏。

3. 小结

本次测定结果表明，铅笔柏抗旱能力强于侧柏，但在水分相对充裕的条件下，侧柏较铅笔柏能够维持较高的细胞膨胀度，生长因而比较旺盛。

四、室内盆栽幼树与成年树抗旱性比较研究

长期以来，在干旱及半干旱地区，人们都认为侧柏是抗旱性较强的树种。铅笔柏和侧柏均是柏科植物中的树种，铅笔柏为国外引进树种，侧柏为乡土树种；甘肃省林业科学研究院2000年从美国引进种源进行试验，取得了一定的成果，并在甘肃省天水市北山种植了大面积的铅笔柏，现已成林。同时，在其周围也种植了侧柏，通过长期观察，发现铅笔柏长势比侧柏长势要好。P-V技术也称压力室技术，60、70年代在国外被广泛用来测定植物叶片和枝条的水势。80年代以来，我国的林业工作者引用这一技术获得多种树木水分参数，研究树种的抗旱性及水分关系。由于P-V技术不仅具有操作简单、测定迅速、便于野外测定等优点，而且还可以通过绘制植物组织从完全饱和状态直至膨压消失以后失水的全过程，以及水势与相对含水率之间的关系曲线（简称P-V曲线），从曲线上获得许多重要水分参数，尤其是可以获得至今还无法用其他理论方法推算出来的饱和吸水时总体原初渗透势（P_0）、初始质壁分离时的总体渗透势（P_p），从而给广大林业、植物、生态学家提供了有力的科学研究方法。

因此，我们利用P-V技术对铅笔柏和侧柏的树种水分生理指标进行测试对比，从水分生理指标的角度探讨两个树种对干旱环境的适应性差异，来揭示铅笔柏的耐旱生理学机理，通过对其抗旱性进行研究，准确掌握铅笔柏的生态习性，为将来在干旱、半干旱区不同立地条件下大规模应用铅笔柏造林打好理论基础。

1.试验地点、材料与方法

（1）试验地点

试验地点选择两处，一处是在甘肃省天水市北山（杜家沟）。该处海拔1124.2 m，年平均气温12.1 ℃，极端高温39.2 ℃，极端低温-18.6 ℃，年相对湿度67%，年降水量496.5 mm，年蒸发量1297.5 mm，全年日照时间2032.5 h；地势为荒山坡地，土壤为灰钙土，灌溉条件差。另一处是在甘肃省林业职业技术学院育种实验室内。育苗时间是2014年9月；1年后，选择大小基本一致的铅笔柏、侧柏苗木移栽于塑料盆中；塑料盆高25 cm、内径20 cm，土质为苗圃熟土（2份）：森林土（1份）：蛭石（1份）：珍珠岩（1份）混合而成，苗木置于室内，温度17～25 ℃，在充足供水条件下培养。

（2）试验材料

一是甘肃林业职业技术学院育种实验室内盆栽幼树。于2016年9月9日下午2：10—2：30采样，选取生长良好的铅笔柏、侧柏幼树的顶稍作为测试材料；二是甘肃省林业科学研究院2000年在天水北山所种植的铅笔柏和侧柏树种，于2016年9月10日下午2：00—2：40采样，选取树冠中下部、东南方向生长良好的当年生枝条作为测试材料。

（3）试验方法

先选好铅笔柏、侧柏的样木各1株，在样木上选取取样部位截取10～15 cm长的新梢枝条，用湿毛巾包住装入塑料袋带回实验室，修整供试样枝基部平齐以便测定，称量鲜质量记录后，插入盛有清水的容器中浸泡，置于暗处，记录时间。经反复试验确定，铅笔柏样枝吸水26 h达到饱和，侧柏样枝吸水24 h达到饱和。试样达到吸水饱和后，取出剥去基部0.5 cm的表皮，暴露木质部，称量记录饱和质量，迅速装入压力室（型号：3115，美国产）测定。在20～25 ℃室温条件下，采用Hammel逐步升压法测定绘制试样P-V曲线。用透明胶带封装并以过滤纸包裹的药棉棒套在小枝上面收集被压出的树液，药棉棒长约1 cm，先称量记录干质量。每次升压、减压速度低于0.2 Pa/min，直到所需平衡压，保持10～15 min。取出吸水药棉棒，迅速称量计算收集的树液体积（水的比重为1，所以体积等于质量）。重复以上步骤，依次升高平衡压9～15次，计算出全过程中样枝在每个测点的树液体积。从压力室中取出测试样，放入恒温烘箱（型号：DGG-9240A），设定103 ℃烘干至质量恒定，称量记录干质量。

利用Excel软件处理数据，绘制P-V曲线图，以每个测点平衡压的倒数为纵坐标（$1/P_E$），以每个测点收集的树液累计体积（V_E）为横坐标，曲线部分为各个测点的平滑连线，直线部分利用趋势线法获得，以相关系数平方值最大值为准，获得图5-1、图5-2、图5-4、图5-5。图中：横坐标为水分累积量V_E（mL）、纵坐标为平衡压倒数$1/P_E$（Pa）。从图5-1、图5-2中得出：表5-9表示铅笔柏、侧柏两个幼树的枝条水势与膨压的回归直线方程特征。从图5-4、图5-5中得出：表5-10表示北山铅笔柏、侧柏两个树种的枝条水势与膨压的回归直线方程特征。

表5-9　铅笔柏、侧柏两个幼树的枝条水势与膨压的回归直线方程特征

树种	直线方程	x	y	R^2	R
铅笔柏	$P_E=xP_V+y$ $P_E=-0.089P_V+0.057$	0.089	0.057	0.991	0.9955
侧柏	$P_E=xP_V+y$ $P_E=-0.093P_V+0.071$	0.093	0.071	0.987	0.9935

表5-10　北山铅笔柏、侧柏两个树种的枝条水势与膨压的回归直线方程特征

树种	直线方程	x	y	R^2	R
铅笔柏	$P_E=xP_V+y$ $P_E=-0.041P_V+0.051$	0.041	0.051	0.998	0.9999
侧柏	$P_E=xP_V+y$ $P_E=-0.099P_V+0.067$	0.099	0.067	0.998	0.9999

2.计算结果

根据图5-1、图5-2、图5-4、图5-5和测定的铅笔柏、侧柏样枝 m_{fs}（饱和重）、m_f（鲜质量）、m_d（干质量）计算得出铅笔柏、侧柏水分参数（质量g；压力势Pa；保留小数0.0001），结果见表5-6、表5-8。

3.分析比较

根据表5-9、表5-10可得出：铅笔柏、侧柏两个树种无论是成年树、还是幼树水势（P_E）和膨压（P_V）均呈良好的线性关系（$P_E=xP_V+y$），相关系数R值均在0.99以上；在线性回归方程（$P_E=xP_V+y$）式中，x值表示铅笔柏、侧柏树种枝叶渗透势随叶水势下降的速度，y值表示铅笔柏、侧柏树种枝叶叶细胞饱和吸水时总体原初渗透势。维持树木组织细胞膨压的大小主要是树木渗透调节的作用，枝叶水势下降的速度可反映出树木渗透调节的能力。因此x值可作为反映树木渗透调节能力的指标。其y值与枝叶膨压升降的速度成正比，与树木渗透调节能力成反比关系。铅笔柏树种的x值和y值均低于侧柏树种的，说明铅笔柏树种在干旱逆境条件下，组织渗透调节和保持膨压能力比侧柏要强。

从试验结果表5-6、表5-8来看：铅笔柏幼树、成年树与侧柏幼树、成年树的水分生理指标相一致。铅笔柏的P_0值大于侧柏的P_0值，P_0值是表示树木枝叶组织饱和吸水时总体原初渗透势。植物组织细胞伸长，需要有一定的膨压存在，较大的P_0值（绝对值较小），细胞在水分胁迫下伸长空间比较大，因此耐旱植物具有较大的P_0值；自然含水量（D_{ROWC}）和相对含水量（D_{RWC}）是判断植物耐旱性的重要指标，在一定程度上反映植物组织细胞忍耐脱水的能力；一般认为，D_{ROWC}值和D_{RWC}值越低，表明植物组织细胞在很低的渗透水含量下才能发生质壁分离，铅笔柏的D_{ROWC}值和D_{RWC}值均低于侧柏，说明铅笔柏在干旱逆境条件下细胞组织能维持较高的水分含量，其抗脱水能力增强。质外体相对含水量（D_{AWC}）是指存在于植物组织原生质以外的水分，主要与某些大分子物质结合或存在于细胞壁中，一般在溶质含量不变的情况下，D_{AWC}值越大，组织的渗透势越低，其吸水和保水能力就越强，植物的抗旱性也

就越强；而铅笔柏的 D_{AWC} 值略低于侧柏的 D_{AWC} 值。相对渗透含水量（D_{ROC}），是指在溶质含量不变的情况下，D_{ROC} 值越大，植物组织的渗透势也越强，植物组织吸水和保水能力也越大，其抗旱能力也越强；侧柏的 D_{ROC} 值大于铅笔柏的 D_{ROC} 值。组织细胞相对饱和亏（D_{RWD}）值越低，其抗旱保水性越强。而铅笔柏的 D_{RWD} 值高于侧柏，表明侧柏抗旱保水性强于铅笔柏；m_p、m_0 和 m_p/m_0 的比较：m_0 为饱和时渗透水的原初含水量，m_p 为零膨压点时的渗透水含水量，枝叶的水分由 m_0 和 m_p 两部分组成，m_p 含量较多时，在水分充足条件下，植物代谢活动较强，但在干旱条件下，m_0 非常容易散失。m_p/m_0 值较大时，在干旱条件下，植物保持水分的能力强。所以 m_p/m_0 的值可以作为评价植物抗旱性强弱的一个指标；铅笔柏的 m_p/m_0 的值大于侧柏的 m_p/m_0 的值。E 为最大体积弹性模量，在评价树木耐旱性中占有重要的地位；通常认为，最大体积弹性模量值越高，表示细胞壁越坚硬，弹性越小；反之，则说明细胞壁越柔软，弹性越大；随着组织含水量和水势的下降，高弹性组织具有比低弹性组织更大的保持膨压能力，侧柏的最大体积弹性模量值小于铅笔柏，表明侧柏细胞富有弹性，维持膨压能力强于铅笔柏。

4.讨论

运用 P–V 技术对树木的抗旱性进行研究，国内外已有诸多报道。我们借此技术研究了甘肃省天水市北山（杜家沟）铅笔柏、侧柏两个成年树种和在甘肃省林业职业技术学院育种室所育的铅笔柏、侧柏幼树的主要抗旱水分指标。结果表明：铅笔柏成年树、幼树的饱和吸水时总体原初渗透势（P_0）、初始质壁分离时的总体渗透势（P_p）、渗透水丢失相对量（P_p–P_0）、自然含水量（D_{ROWC}）、相对含水量（D_{RWC}）、质外体水分相对含量（D_{AWC}）、相对渗透含水量（D_{ROC}）、零膨压点时的渗透水含量与饱和时渗透水的原初含水量（m_p/m_0）之比均明显低于侧柏的；相对水分亏缺（D_{RWD}）、最大体积弹性模量（E）都高于侧柏；表明铅笔柏在干旱条件下具有较强吸取土壤水分的潜势，能维持较低的渗透势 P_0、P_p，能保持正常的膨压和较高的组织含水量，以较强的抗脱水能力维持自身正常的生理代谢过程以适应干旱环境。前人研究认为 P_0、P_p 这两个参数是树木对环境条件长期适应而形成的，是由植物自身的遗传特性所决定的。因此，我们选用铅笔柏和侧柏作为材料，在枝条木质化成熟期进行测定，在 2014 年 9 月—2016 年 9 月连续测定，其水分指标值结果都是一致的。证实铅笔柏的 P_0、P_p、D_{ROWC}、D_{RWC} 的值较侧柏低，表明试验结果是真实可靠的。通常认为，零膨压点时的渗透水含量与饱和时渗透水的原初含水量的比值是由细胞壁特性所决定的"渗透调节"能力，值越大，表明"渗透调节"能力越强；铅

笔柏的 m_P/m_0 的值大于侧柏的 m_P/m_0 的值，证明铅笔柏的渗透调节能力强于侧柏，这种渗透调节能力有助于维持膨压，增强其吸水能力，是树木抗旱能力的另一种表现形式。最大体积弹性模量值越高表示细胞壁越坚硬，弹性越小；反之，则说明细胞越柔软，弹性越大；侧柏的最大体积弹性模量小于铅笔柏，表明侧柏细胞富有弹性，维持膨压能力强于铅笔柏。

第六节 铅笔柏、侧柏幼苗立枯病的防治试验研究

通过20%乙酸铜可湿性粉剂、75%百菌灵粉剂、20%乙酸铜可湿性粉剂和75%百菌灵粉剂混合的使用，对铅笔柏和侧柏幼苗进行灌根，就成活率来看，20%乙酸铜可湿性粉剂防治幼苗立枯病的适用性最好。

立枯病又名猝倒病，是一种严重的幼苗病害，主要危害针叶树种的幼苗。2011—2013年，我院在甘肃天水三阳川苗圃及甘肃林业职业技术学院试验地育苗时发现，铅笔柏、侧柏连年遭到了严重的立枯病为害，我们立即采用常规手段杀菌、消毒，最后所育的幼苗还是有95%以上死亡。为了确保课题任务的完成，我们针对铅笔柏、侧柏幼苗立枯病进行了试验性研究，取得了显著成效。

一、材料和方法

本试验于2014—2015年在甘肃省林业职业技术学院院内林木育种实验室进行。试验土壤为森林土、珍珠岩的混合；比例为3∶1；育苗容器为上口直径20 cm，下面直径16 cm，高15 cm的塑料花盆，容器和土壤都经过严格消毒，每个塑料花盆装土2.0 kg；然后将处理好的铅笔柏、侧柏种子分别播种在容器里，每个容器中均匀播种15粒，播种深度1 cm，浇透水。

出苗后30 d左右时发现铅笔柏、侧柏幼苗离土壤0.2～0.8 cm处出现褐色且变细，即立枯病。我们立即对铅笔柏、侧柏幼苗采取防治措施，设置4种处理：A1为对照；A2为20%乙酸铜可湿性粉剂；A3为75%百菌灵；A4为20%乙酸铜可湿性粉剂与75%百菌灵混合使用，每个处理3个重复。配置方法：药剂∶水=1g∶2500 mL；每隔7 d灌根或泼浇，连续进行3—4次，就可彻底防治幼苗猝倒。为了比较4种处理防治立枯病的效果，分别观察记录了铅笔柏、侧柏成活率及长势情况，时间为50 d。

二、调查结果

铅笔柏、侧柏种子出苗率情况统计调查见表5-11。

表5-11　铅笔柏、侧柏种子出苗率情况统计表

树　种	播种时间	播种盆数	播种粒数	平均出苗率(%)	调查时间
铅笔柏	2014-10-23	21	315	82.42	2014-11-17
侧　柏	2014-10-23	21	315	94.92	2014-11-17
备注:室内温度18℃,每天早上喷水一次保湿。					

不同防治措施处理下,铅笔柏、侧柏幼苗的成活率情况统计调查见表5-12。

表5-12　不同防治措施处理下铅笔柏、侧柏幼苗的成活率

	A1	A2	A3	A4	调查时间
铅笔柏	13.52	79.16	41.56	37.51	2014-12-13
侧　柏	25.00	92.33	62.42	53.66	2014-12-13
平　均	19.26	85.75	51.99	45.59	2014-12-13

从表5-12可得出,铅笔柏、侧柏幼苗成活率高低与立枯病有直接的关联,所以幼苗立枯病防治措施得当与否起关键作用;A2明显高于A3和A4;A3略高于A4;A1为对照,没有采取防治措施,成活率很低。

三、小结

1.铅笔柏、侧柏幼苗的平均成活率以20%乙酸铜可湿性粉剂防治为最高,平均成活率为85.75%;其次为75%百菌灵和20％乙酸铜、75%百菌灵混合使用,平均成活率为51.99%和45.59%。

2.幼苗成活率,采用A2、A3、A4防治措施与A1对照之间差异显著,而A2则显著高于其他防治措施。

3.从铅笔柏、侧柏幼苗的平均成活率来看,经试验比较,20%乙酸铜可湿性粉剂是防治幼苗立枯病的最佳选择。

第七节　铅笔柏、侧柏生理生化指标测定

一、叶绿素含量

1.原理

根据朗伯—比尔定律，某有色溶液的吸光度 A 与其中溶质浓度 C 和液层厚度 L 成正比，即 $A=\alpha CL$，式中：α 为比例常数。当溶液浓度以百分浓度为单位，液层厚度为 1 cm 时，α 为该物质的吸光系数。各种有色物质溶液在不同波长下的吸光系数可通过测定已知浓度的纯物质在不同波长下的吸光度而求得。如果溶液中有数种吸光物质，则此混合液在某一波长下的总吸光度等于各组分在相应波长下吸光度的总和，这就是吸光度的加和性。今欲测定叶绿体色素混合提取液中叶绿素 a、b 和类胡萝卜素的含量，只需测定该提取液在三个特定波长下的吸光度 A，并根据叶绿素 a、b 及类胡萝卜素在该波长下的吸光系数即可求出其浓度。在测定叶绿素 a、b 时，为了排除类胡萝卜素的干扰，所用单色光的波长选择叶绿素在红光区的最大吸收峰。

2.材料、仪器设备、试剂

（1）材料：新鲜的铅笔柏（16年生）、侧柏（16年生）嫩枝枝叶。

（2）仪器设备：分光光度计；电子顶载天平（感量0.01 g）；研钵；棕色容量瓶；小漏斗；定量滤纸；吸水纸；擦境纸；滴管。

（3）试剂：96%乙醇（或80%丙酮）；石英砂；碳酸钙粉。

3.方法

（1）取新鲜的（铅笔柏、侧柏）嫩枝，擦净组织表面污物，剪碎混匀。

（2）称取剪碎的新鲜样品0.2 g，共3份，分别放入研钵中，加少量石英砂和碳酸钙粉及2～3 mL 95%乙醇，研成匀浆，再加乙醇10 mL，继续研磨至组织变白，静置3～5 min。

（3）取滤纸1张，置漏斗中，用乙醇湿润，沿玻棒把提取液倒入漏斗中，过滤到25 mL棕色容量瓶中，用少量乙醇冲洗研钵、研棒及残渣数次，最后连同残渣一起倒入漏斗中。

（4）用滴管吸取乙醇，将滤纸上的叶绿体色素全部洗入容量瓶中。直至滤纸和残渣中无绿色为止。最后用乙醇定容至25 mL，摇匀。

（5）把叶绿体色素提取液倒入直径1 cm的比色杯内。以95％乙醇为空白，在波长665 nm、649 nm下测定吸光度。

（6）将测定得到的吸光值代入公式 $C_a=13.95A_{665}-6.88A_{649}$、$C_b=24.96A_{649}-7.32A_{665}$，即可得到叶绿素a和叶绿素b的浓度（$C_a$、$C_b$：mg/L），二者之和为总叶绿素的浓度。

（7）根据下式可进一步求出植物组织中叶绿素的含量：

$$叶绿素的含量（mg/g）=\frac{叶绿素的浓度×提取液体积×稀释倍数}{样品鲜质量×1000}$$

4.结果

铅笔柏、侧柏叶绿素含量测定结果见表5-13。

表5-13　铅笔柏、侧柏叶绿素含量

样品名称	叶绿素a	叶绿素b	叶绿素含量(mg/g)
三阳川侧柏	9.4615	4.8441	2.77668
三阳川铅笔柏	4.7197	2.3214	1.74516
北山侧柏	4.9119	2.0484	1.41327
北山铅笔柏	3.2983	1.0662	0.74110

从测定结果可以看出，在不同试验地测定的侧柏树种叶绿素含量均大于铅笔柏树种的叶绿素含量。光合作用不仅是植物代谢的基础，而且是光能吸收和转化的物质基础，所以，凡影响叶绿素代谢的不良环境都将直接影响植物的生长发育及产量，叶绿素a/b值越大，膜脂过氧化作用越强，植物抗旱性越弱，即叶绿素含量越高的植物抗旱性越弱。

二、电导率（电导率仪法）

1.材料、仪器及试剂

（1）材料：新鲜的铅笔柏（16年生）、侧柏（16年生）嫩枝枝叶。

（2）仪器：电导率仪、天平、抽气机、恒温水浴锅、注射器、真空泵（附真空干燥剂）、水浴试管架、20 mL具塞刻度试管、打孔器（或双面刀片）、10 mL移液管（或定量加液器）、试管架、电炉、镊子、剪刀、搪瓷盘、记号笔、去离子水、滤纸、塑料纱网（约3 cm²）。

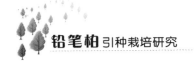

（3）试剂：

①酸性茚三酮的配制：将1.25 g茚三酮溶于30 mL冰醋酸和20 mL 6 M磷酸中，搅拌加热（70 ℃）溶解，贮于冰箱中。

②3%磺基水杨酸的配制：3 g磺基水杨酸，加蒸馏水溶解后定容至100 mL

③冰醋酸

④甲苯

2.方法

（1）容器的洗涤

电导率仪法对水和容器的洁净度要求严格，所用容器必须用去离子水彻底清洗干净，倒置于洗净而垫有洁净滤纸的搪瓷盘中备用。水的电导率要求为1～2 μs/cm。为了检查试管是否洁净，可向试管中加入1～2 mL电导率在1～2 μs/cm的新制去离子水，用电导率仪测定是否仍维持原电导率。

（2）试验材料的处理

分别在正常生长的铅笔柏、侧柏植株上取新鲜的嫩枝叶若干。分成2份，用纱布擦净表面灰尘。将一份放在-20 ℃左右的温度下冷冻20 min（或置40 ℃左右的恒温箱中处理30 min）进行逆境胁迫处理。另一份裹入潮湿的纱布中放置在室温下做对照。

（3）测定

将处理组嫩枝叶与对照组嫩枝叶用去离子水冲洗2次，再用洁净滤纸吸净表面水分。用刀片切割成大小一致的叶块，每组取叶片60片，分装放在3支洁净的刻度试管中，每管20片。

在装有叶片的各试管中加入10 mL的去离子水，并将大于试管口径的塑料纱网放入试管距离液面1 cm处，以防止叶片在抽气时翻出试管。然后将试管放入真空干燥箱中用真空泵抽气10 min（也可直接将叶片放入注射器内，吸取10 mL的去离子水，堵住注射器口进行抽气）以抽出细胞间隙的空气，当缓缓放入空气时，水即渗入细胞间隙，叶片变成半透明状，沉入水下。将以上试管置20 ℃保持1 h，期间要多次摇动试管，或者将试管放在振荡器上震荡1 h。

1 h后将各试管摇匀，用电导率仪测定处理和对照的初电导率，测完后，记下试管中液面高度，置沸水中10 min，取出冷却至20 ℃，以蒸馏水补充蒸发掉的水分，并在20 ℃下平衡20 min，摇匀，测终电导率。

3.计算公式

（1）c（相对电导率）＝a（对照初电导率）/b（对照终电导率）

（2）伤害度计算：

f（伤害度）＝［d（处理初电导率）－a（对照初电导率）］／［e（处理终电导率）－b（对照终电导率）］×100%

4.计算结果

铅笔柏、侧柏的电导率及伤害度测定结果见表5-14。

5-14　铅笔柏、侧柏的电导率及伤害度

样品名称	a(室温下电导率值)(μs/cm)	b(煮沸后电导率值)(μs/cm)	c(相对电导率数值)	d(-20℃导率值)(μs/cm)	e(-20℃电处理后煮沸电导率值)(μs/cm)	f(伤害度)(%)
三阳川侧柏	55.60	163.0	0.341	133.75	306	54.65
三阳川铅笔柏	83.30	267.3	0.312	89.75	287.7	31.61
北山侧柏	89.67	216.0	0.415	146.65	311.5	59.66
北山铅笔柏	79.80	243.5	0.328	94.20	291	30.32

从表5-14得出的结果看，铅笔柏的伤害度小于侧柏的伤害度。电导率的变化可以反映细胞膜受伤害的程度，因为植物组织在受到干旱危害时，细胞膜的结构和功能首先受到伤害，细胞膜透性增大，组织受伤害越严重，电解质增加越多。大量研究表明，抗旱性越强的植物细胞膜受伤害程度越小，其渗透量越少，电导率越小；反之，电导率较大。因而铅笔柏的抗旱性大于侧柏的抗旱性。

三、可溶性糖含量（蒽酮法）

1.原理

主要是指能溶于水及乙醇的单糖和寡聚糖，在浓硫酸作用下，可溶性糖脱水生成的糠醛或羟甲基糠醛，反应如下：

糠醛或羟甲基糖醛进一步与蒽酮试剂缩合产生蓝绿色物质，其在可见光区620 nm波长处有最大吸收峰，且其光吸收值在一定范围内与糖的含量成正比关系。

2.试验材料、仪器及试剂

（1）材料：16年生铅笔柏、侧柏嫩枝

（2）仪器：分光光度计、恒温水箱、20 mL具塞刻度试管（3支）、漏斗、100 mL容量瓶、刻度试管、试管架、剪刀、研钵。

（3）试剂：

①200 μg/mL标准葡萄糖：AR级葡萄糖100 mg，蒸馏水溶解，定容至500 mL。

②蒽酮试剂：1 g蒽酮，用乙酸乙酯溶解，定容至50 mL，棕色瓶避光处贮藏。

③浓硫酸。

3.方法

葡萄糖标准曲线的制作：取6支20 mL试管，编号，按表5-15数据配制一系列不同浓度的标准葡萄糖溶液。

表5-15 葡萄糖标准曲线的制作

管号	1	2	3	4	5	6
标准葡萄糖原液（mL）（200 μg/mL）	0	0.2	0.4	0.6	0.8	1.0
蒸馏水（mL）	2.0	1.8	1.6	1.4	1.2	1.0
葡萄糖含量（μg）	0	40	80	120	160	200

在每管中均加入0.5 mL蒽酮试剂，再缓慢地加入5 mL浓H_2SO_4摇匀后，打开试管塞，置沸水浴中煮沸10 min，取出冷却至室温，在620 nm波长下比色，测各管溶液的光密度值（OD），以标准葡萄糖含量为横坐标，光密度值为纵坐标，做出标准曲线。

糖含量测定：称取1 g叶片，剪碎，置于研钵中，加入少量蒸馏水，研磨成匀浆，然后转入20 mL刻度试管中，用10 mL蒸馏水分次洗涤研钵，洗液一并转入刻度试管中。置沸水浴中加盖煮沸10 min，冷却后过滤，滤液收集于100 mL容量瓶中，用蒸馏水定容至刻度，摇匀备用。

用移液管吸取1 mL提取液于20 mL具塞刻度试管中，加1 mL水和0.5 mL蒽酮试剂。再缓慢加入5 mL浓H_2SO_4（注意：浓硫酸遇水会产生大量的热），盖上试管塞后，轻轻摇匀，再置沸水浴中10 min（比色空白照用2 mL蒸馏水与0.5 mL蒽酮试剂混合，并一同于沸水浴保温10 min），冷却至室温后，在波长620 nm下比色，记录光密度值。查标准曲线上得知对应的葡萄糖含量（μg）。

$$样品含糖量（\mu g/100\,g\,鲜质量）=\frac{查表所得糖含量（\mu g）\times 稀释倍数}{样品质量（g）\times 100}\times 100$$

4.计算结果

铅笔柏、侧柏可溶性糖含量测定结果见表5-16。

表5-16 铅笔柏、侧柏可溶性糖含量

样品名称	OD（620 nm）	标准曲线上测定的葡萄糖含量（μg）	样品中含糖量（g/100 g鲜质量）
三阳川侧柏	0.344	43.1	0.431
三阳川铅笔柏	0.463	87.8	0.878
北山侧柏	0.520	120	1.20
北山铅笔柏	0.653	159	1.59

从表5-16可知，不同试验地的铅笔柏中含糖量均高于侧柏的含糖量。可溶性糖如葡萄糖、蔗糖在植物的生命周期中具有重要作用。它不仅为植物的生长发育提供能量和代谢中间产物，而且具有信号功能。它也是植物生长发育和基因表达的重要调节因子。在对植物进行调控时，它又与其他信号如植物激素组成复杂的信号网络体系。植物中可溶性糖含量越高，抗旱性越强，反之则弱。

四、脯氨酸含量

1.试验材料、仪器及试剂

（1）试验材料：16年生铅笔柏、侧柏嫩枝。

（2）仪器：分光光度计、研钵、小烧杯、容量瓶、大试管、普通试管、移液架、注射器、水浴锅、漏斗、漏斗架、滤纸、剪刀。

（3）试剂：

①酸性茚三酮：将1.25 g茚三酮溶于30 mL冰醋酸和20 mL 6 M磷酸中，搅拌加热（70 ℃）溶解，贮于冰箱中。

②3%磺基水杨酸：3 g磺基水杨酸蒸馏水溶解后定容至100 mL。

③冰醋酸、甲苯。

2.方法

标准曲线的绘制：

（1）在分析天平上精确称取25 mg脯氨酸，倒入小烧杯内，用少量蒸馏水溶解，然后倒入250 mL容量瓶中，加蒸馏水定容至刻度，此标准液中脯氨酸含量即为

100 μg/mL。

（2）系列脯氨酸浓度的配制：取6个50 mL容量瓶，分别盛入脯氨酸原液0.5，1.0，1.5，2.0，2.5及3.0 mL，用蒸馏水定容至刻度，摇匀，各瓶的脯氨酸浓度分别为1，2，3，4，5及6 μg/mL。

（3）取6支试管，分别吸取2 mL系列标准浓度的脯氨酸溶液及2 mL冰醋酸和2 mL的酸性茚三酮溶液，每管在沸水浴中加热30 min。

（4）冷却后向各试管准确加入4 mL甲苯，振荡30 s，静置片刻，使色素全部转至甲苯溶液。

（5）用注射器轻轻吸取各管上层脯氨酸甲苯溶液至比色杯中，以甲苯溶液为空白对照，于520 nm波长处进行比色。

标准曲线的绘制，先求出吸光度值（y）依脯氨酸浓度（x）而变化的回归方程式，再按回归方程式绘制标准曲线，计算2 mL测定液中脯氨酸的含量（μg/2 mL）。

样品的测定：

（1）脯氨酸的提取：准确称取不同处理的待测植物叶片各0.5 g，分别置大试管中，然后向各管分别加入5 mL 3%的磺基水杨酸溶液，在沸水浴中提取10 min（提取过程中要经常摇动），冷却后过滤于干净的试管中，滤液即为脯氨酸的提取液。

（2）吸取2 mL提取液于另一干净的带具塞试管中，加入2 mL冰醋酸及2 mL酸性茚三酮试剂，在沸水浴中加热30 min，溶液即呈红色。

（3）待溶液冷却后加入4 mL甲苯，摇荡30 s，静置片刻，取上层液至10 mL离心管中，在300 r/min下离心5 min。

（4）用吸管轻轻吸取上层红色溶液于比色杯中，以甲苯为空白对照，在分光光度计上520 nm波长处比色，求得吸光度值。根据回归方程计算（或从标准曲线上查出）2 mL测定液中脯氨酸的含量，然后计算样品中脯氨酸含量（μg/g）=（$x×5/2$）/样重（g）。

3.结果

铅笔柏、侧柏脯氨酸含量测定结果见表5-17。

表5-17　铅笔柏、侧柏脯氨酸含量

样品名称	OD（520 nm）	标准曲线上测定的脯氨酸含量（μg）	脯氨酸含量（μg/g）
三阳川侧柏	0.069	0.61	3.05
三阳川铅笔柏	0.169	1.45	7.25
北山侧柏	0.194	1.68	8.4
北山铅笔柏	0.574	5.45	27.25

从表5-17可见，不同试验地的铅笔柏脯氨酸含量均高出侧柏2倍多。脯氨酸是一种渗透调节物质，植物遭受逆境后会积累脯氨酸，作为胞质渗透调节剂，脯氨酸积累的多少与植物抗逆性有关，可作为抗逆性筛选的指标；植物枝叶的游离脯氨酸含量都随着干旱胁迫的加剧呈上升趋势，植物中脯氨酸含量越高，抗旱性越强。

五、丙二醛含量

1.试验材料、仪器及试剂

（1）试验材料：16年生铅笔柏、侧柏嫩枝。

（2）仪器：紫外可见分光光度计；离心机；电子天平；10 mL 离心管；研钵；试管；刻度吸管：10 mL 1支，2 mL 1支；剪刀。

（3）试剂：

①10%三氯乙酸（TCA）；

②0.6%硫代巴比妥酸：先加少量的氢氧化钠（1 mol·L⁻¹）溶解，再用10%的三氯乙酸定容；

③石英砂。

2.方法

采用双组分光光度法。

据朗伯——比尔定律：$D=KCL$，　　　　　　　　　　　　　　　　　　　（1）

当液层厚度为 1 cm 时，KD/C，K 称为该物质的比吸收系数。当某一溶液中有数种吸光物质时，某一液长下的消光度值等于此混合液在该液长下各显色物质消光度之和。

已知蔗糖与三氯乙酸（TCA）显色反应产物在450 nm 和532 nm 波长下的比吸收系数分别为85.40和7.40。MDA在450 nm 波长下无吸收，故该波长的比吸收系数为0，532 nm 波长下的比吸系数为155，根据双组分分光度计法建立方程组，求解方程得计算公式；式中

$C_1=11.71D_{450}$　　　　　　　　　　　　　　　　　　　　　　　　　（2）

$C_2=6.45（D_{532}-D_{600}）-0.56D_{450}$　　　　　　　　　　　　　　　（3）

C_1=可溶性糖的浓度（mmol·L⁻¹）

C_2=MDA 的浓度（μmol·L⁻¹）

D_{450}、D_{532}、D_{600}分别代表450、532和600 nm 波长下的消光度值。以直线方程法计算时，按公式（1）求出样品中糖分在532 nm 处的消光度值 Y_{532}，用定测532 nm

的消光度值减去 6 nm 非特异吸收的消光度值再减去 Y_{532}，其差值为测定样品中的 MDA–TCA 反应物在 532 nm 的消光度值，按 MDA 在 532 nm 处的消光系数为 155 换算求出提取液中 MDA 浓度。

用上述任一方法求得 MDA 的浓度，根据植物组织的重量计算测定样品中的 MDA 的含量。

3.结果

丙二醛（MDA）含量测定结果见表5-18。

表5-18　铅笔柏、侧柏丙二醛含量

样品名称	OD(450 nm)	OD(532 nm)	OD(600 nm)	MDA 的浓度（μmol/L）
三阳川侧柏	0.672	0.250	0.080	0.721
三阳川铅笔柏	0.611	0.263	0.074	0.664
北山侧柏	0.762	0.413	0.201	0.940
北山铅笔柏	0.803	0.331	0.113	0.956

从表5-18测定结果看，不同试验地铅笔柏、侧柏丙二醛含量多少不一致。说明不同立地条件下，环境越好，铅笔柏比侧柏抗旱性越强。丙二醛（MDA）是膜脂过氧化的主要产物之一，植物在逆境条件下，往往发生膜质过氧化作用，其含量可以表示脂质过氧化的程度，它可与细胞膜上的蛋白质、酶等结合、交联使之失活，从而破坏生物膜的结构与功能，是有细胞毒性的物质，对许多生物大分子均有破坏作用，人们常以 MDA 作为判断膜脂过氧化作用的一种主要指标。其 MDA 一直增加可能与侧柏的酶活性较低有关。其值越大，抗旱性越弱。

六、超氧化物歧化酶含量（硝基四氮唑蓝法）

1.原理

SOD 是含金属辅基的酶，它催化以下反应：

$$O_2^- + O_2^- + 2H^+ = H_2O_2 + O_2$$

由于超氧阴离子自由基 O_2^- 寿命短，不稳定，不易直接测定 SOD 活性，而采用间接的方法。目前常用的方法有 3 种，包括氮蓝四唑（NBT）光化还原法、邻苯三酚自氧化法、化学发光法。我们主要应用光化还原法，其原理是：氮蓝四唑在蛋氨酸和核黄素存在条件下，照光后发生光化还原反应而生成蓝色甲腙，蓝色甲腙在

560 nm处有最大光吸收。SOD能抑制NBT的光化还原，其抑制强度与酶活性在一定范围内成正比。

2.试验材料、仪器及试剂

（1）试验材料：16年生铅笔柏、侧柏嫩枝。

（2）仪器：分光光度计、光照培养箱、冷冻离心机（4℃）、微量进样器、荧光灯（反应试管处照度为4000 lx）、试管。

（3）试剂：

①提取介质：50 mmol/L（pH7.0）磷酸缓冲液，内含1%不可溶聚乙烯吡咯烷酮。

②反应介质：50 mmol/L（pH7.8）磷酸缓冲液，内含77.12 μmol/L硝基四唑蓝，0.1 mmol/L EDTA，13.37 mmol/L蛋氨酸。

③80.2 μmol/L核黄素溶液：用含有0.1 mmol/L EDTA的50 mmol/L（pH7.8）磷酸缓冲液配制。

④750 μmol/L氮蓝四唑溶液。

⑤100 μmol/L EDTA-Na₂溶液。

3.方法

首先提取酶液，再进行显色反应，然后测定和计算SOD含量。

（1）酶液制备：称取植物组织0.5 g先加入2.5 mL PBS，研磨匀浆后，再加入2.5 mL PBS混匀，4℃下10000 r/min离心15 min，上清液即为粗酶液。取部分上清液经适当稀释后用于酶活性测定。

（2）酶活性测定：取10 mL小烧杯7只，3只测定样品，4只作为对照，按表5-19加入试剂。

表5-19　酶活性测定试剂表

试剂	用量(mL)	终浓度（比色时）
50 mmol/L（PBS）	4.05	
220 mmol/L Met	0.3	13 μmol/L
1.25 mmol/L NBT	0.3	75 μmol/L
0.033 mmol/L核黄素	0.3	2.0 μmol/L
酶液	0.05	对照以缓冲液代替酶液
总体积	5.0	

将上述试剂混匀后，1只对照烧杯置于暗处，另3只对照烧杯和样品一起置于4000 lx日光灯下反应20 min（要求各管受光一致，温度高时时间缩短，温度低时可适当延长）。最后在560 nm处测定反应液的光密度。以不照光的对照烧杯作为参比，分别测定其他各管的光密度。

4.计算公式

SOD总活性=$(A_{ck}-A_E)\times V/(A_{ck}\times 0.5\times m_f\times V_t)$

式中SOD总活性以每克鲜质量酶单位表示，A_{ck}为对为照管的吸光度，A_E为样品管的吸光度，V为样品液总体积（mL），V_t为测定时样品用量（mL），m_f为样品鲜质量（g）。

5.结果

超氧化物歧化酶（SOD）测定结果见表5-20。

表5-20　铅笔柏、侧柏SOD总活性

序号	样品	A_{ck}	A_E	总体积（mL）	样品质量（mg）	测量样品体积（μL）	SOD总活性（U/g·FW）
1	侧柏(三阳)		0.125				162.963
2	铅笔柏(三阳)		0.056				290.74
3	侧柏幼树	0.213	0.193	5	0.5	50	37.037
4	铅笔柏幼树		0.178				64.815
5	侧柏(北山)		0.136				144.601
6	铅笔柏(北山)		0.112				189.671

从表5-20可见，不同试验地的铅笔柏SOD总活性含量均高于侧柏的SOD总活性含量。超氧化物歧化酶（SOD），广泛存在于真核细胞与原核细胞的细胞质、线粒体和叶绿体中，可清除生物体内超氧阴离子自由基，有效地抗御氧自由基对有机体的伤害。因此，植物中超氧化物歧化酶含量多，对各种逆境适应性越强，铅笔柏幼树SOD总活性含量比侧柏幼树SOD总活性含量高近1倍。

七、蛋白质含量（考马斯亮蓝法G-250）

1.试验材料、仪器及试剂

（1）试验材料：16年生铅笔柏、侧柏嫩枝。

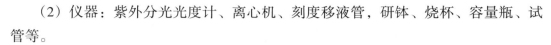

（2）仪器：紫外分光光度计、离心机、刻度移液管，研钵、烧杯、容量瓶、试管等。

（3）试剂：

①标准蛋白质溶液（100 μg/mL 牛血清蛋白）：称取牛血清蛋白 25 mg，加水溶解并定容至 100 mL，吸取上述溶液 40 mL，用蒸馏水稀释至 100 mL 即可。

②考马斯亮蓝试剂：称取 100 mg 考马斯亮蓝 G-250，溶于 50 mL 95% 乙醇中，加入 100 mL 85%（W/V）的磷酸，再用蒸馏水定容至 1000 mL，贮于棕色瓶中，常温中可保存一个月。

2.方法

待测蛋白质溶液：植物提取液（血清），使用前用 0.15 mol/L NaCl 稀释 200 倍。取 7 支试管，按表 5-21 平行操作。

表5-21　蛋白质含量测定表

试管编号	0	1	2	3	4	5	6
标准蛋白溶液(mL)	0	0.01	0.02	0.03	0.04	0.05	0.06
0.15 mol/LNaCl(mL)	0.1	0.09	0.08	0.07	0.06	0.05	0.04
考马斯亮蓝试剂	5 mL						
摇匀,1 h内以0号管为空白对照,在595 nm处比色							

以 A_{595} 为纵坐标，标准蛋白含量为横坐标，在坐标纸上绘制标准曲线。取合适的铅笔柏、侧柏样品体积，使其测定值在标准曲线的直线范围内。在试剂加入后的 5～20 min 内测定光吸收，因为在这段时间内颜色是最稳定的。根据所测定的 A_{595} 值，在标准曲线上查出其相当于标准蛋白的量，从而计算出铅笔柏、侧柏样品的蛋白质浓度。

3.计算公式

蛋白质含量=（X×提取液总体积/测定时取样体积）/样品鲜质量。

4.结果

蛋白质含量测定结果见表 5-22。由表可见，不同试验地侧柏的蛋白质含量均略高于铅笔柏蛋白质的含量。植物的蛋白质含量越高，抗旱性越强。蛋白质是生命的物质基础。植物在逆境条件下通过增加可溶性蛋白质的合成，直接参与其适应逆境的过程。

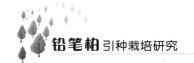
表5-22　铅笔柏、侧柏蛋白质含量

序号	样品	曲线上的蛋白质含量	提取液总体积(mL)	样品鲜质量(g)	测定时取样体积(mL)	蛋白质含量(mg/g)
1	侧柏(三阳川)	89.2				223
2	铅笔柏(三阳川)	87.8				219.5
3	侧柏(幼树)	94	5	2	1	235
4	铅笔柏(幼树)	92				230
5	侧柏(北山)	90.3				225.8
6	铅笔柏(北山)	88.9				222.3

八、幼树根冠比

根冠比是指植物地下部分与地上部分的鲜质量或干质量的比值，其大小反映了植物地下部分与地上部分的相关性。铅笔柏幼苗期根系与枝叶的生长速度几乎相同，根冠比基本在1左右，表现为幼苗出土初期，根系生长占优势。第二次生长开始，子叶的养分已消耗殆尽，生长所需的养分主要靠枝叶光合产物供给。由于地上部分光合能力增强，枝叶生长加速，其生长总量逐渐超过地下部分。

根冠比的测定采用称重法，结果显示（表5-23），0～144 h之间，铅笔柏（2.5 a生）幼树根冠比在0.9694～1.2687之间；侧柏（2.5 a生）幼树根冠比在0.4172～0.6210之间。根冠比反映树种的地上、地下部生长发育情况，根冠比值大则根系机能活性强，低则弱。

表5-23　铅笔柏、侧柏根冠比测定表

样品		放置0 h称量(g)	放置24 h称量(g)	放置48 h称量(g)	放置72 h称量(g)	放置96 h称量(g)	放置120 h称量(g)	放置144 h称量(g)	103 ℃烘干24 h称量(g)
铅笔柏总鲜质量4.17（g）	冠	2.01	0.98	0.82	0.80	0.80	0.77	0.74	0.67
	根	2.16	0.95	0.91	0.92	0.93	0.92	0.92	0.85
铅笔柏根冠比		1.0746	0.9694	1.1098	1.15	1.1625	1.1948	1.2432	1.2687
侧柏总鲜质量4.48（g）	冠	3.0	1.63	1.28	1.22	1.20	1.13	1.08	1.0
	根	1.48	0.68	0.65	0.66	0.71	0.66	0.65	0.621
侧柏根冠比		0.4933	0.4172	0.5078	0.541	0.5917	0.5841	0.6019	0.621

九、枝叶保水力

叶片在离体条件下具有保持原有水分的能力，其大小与植物遗传性、细胞特性和原生质胶体性质有关。因此，离体叶片的保水力可以反映植物原生质的耐脱水能力和叶片角质层的保水能力。

剪取各处理铅笔柏、侧柏枝叶并称重（组织鲜质量），迅速将枝叶放入蒸馏水中浸泡至饱和，铅笔柏浸泡26 h，侧柏浸泡24 h达到饱和状态（经反复测试得出），迅速拭干其表面水分，称其重量（饱和鲜质量）。然后将枝叶放在室内托盘中，使其在空气中缓慢脱水，并每隔24 h称重1次（共称4～5次）。将枝叶在103 ℃下烘干称取干质量。根据所得数据计算出每次称重时的枝叶含水量，再以脱水时间对叶片含水量作图，根据组织鲜质量和饱和鲜质量及干质量计算出植物组织含水量和相对含水量（D_{RWC}）。

对铅笔柏、侧柏幼树枝叶不同时段的失水率进行称重，计算得到结果见表5-24。

表5-24　铅笔柏、侧柏幼树失水率测定表

样品	总鲜质量(g)	饱和质量(g)	放置24 h称量(g)	放置48 h称量(g)	放置72 h称量(g)	放置96 h称量(g)	放置120 h称量(g)	放置144 h称量(g)	103 ℃烘干24 h称量(g)
铅笔柏	12.12	13.89	5.87	5.32	5.25	5.16	5.12	4.90	4.57
失水率	0.3771		0.4843	0.4389	0.4332	0.4224	0.4224	0.4042	
侧柏	13.03	16.38	7.46	6.60	6.35	6.21	6.06	5.84	5.26
失水率	0.4037		0.5725	0.5065	0.4873	0.4765	0.4651	0.4481	

从表5-24来看：0～144 h之间，铅笔柏树种失水率平均在37.71%～48.43%之间，侧柏树种失水率平均在40.37%～57.25%之间。失水率与保水力成负相关关系；叶片保持水分的能力对维持植物正常的生理活动很重要，离体枝叶在萎蔫过程中所保持的水分含量可作为枝、叶片保水力的指标，而离体叶片散失某一定量的水分消耗的时间越长，说明该植物保水能力越强。从测定结果看，铅笔柏组织保存水分能力优于侧柏。

十、幼树根系活力（TTC法）

植物根系是活跃的吸收器官和合成器官，根系活力水平直接影响地上部的营养和生长状况。

1．原理

三苯基氯化四氮唑（TTC）是标准氧化电位为80 mv的氧化还原色素，溶于水中成为无色溶液，但还原后即生成红色而不溶于水的三苯甲臢（TTF），生成的三苯甲臢比较稳定，不会被空气中的氧自动氧化，所以TTC被广泛地用作酶试验的氢受体，植物根系中脱氢酶所引起的TTC还原，可因加入琥珀酸、延胡索酸、苹果酸得到增强，而被丙二酸、碘乙酸所抑制。所以TTC还原量能表示脱氢酶活性并作为根系活力的指标。

（TTC）·······························（TTF）

2．试剂

（1）乙酸乙酯（分析纯）。

（2）次硫酸钠（$Na_2S_2O_4$），分析纯，粉末。

（3）1%TTC溶液：准确称取TTC1.0 g，溶于少量水中，定容到100 mL。用时稀释至各需要的浓度。

（4）磷酸缓冲液（1/15 mol/L，pH 7）。

（5）1 mol/L硫酸：用量筒取比重1.84的浓硫酸55 mL，边搅拌边加入盛有500 mL蒸馏水的烧杯中，冷却后稀释至1000 mL。

（6）0.4 mol/L琥珀酸：称取琥珀酸4.72 g，溶于水中，定容至100 mL即成。

3．主要设备

分光光度计、分析天平（感量0.1 mg）、电子顶载天平（感量0.1 g）、温箱、研钵、三角瓶50 mL、漏斗、量筒100 mL、吸量管10 mL、刻度试管10 mL、试管架、容量瓶10 mL、药勺、石英砂适量、烧杯10 mL、1000 mL。

4．试验材料

铅笔柏、侧柏2a生苗根系。

5．方法步骤

（1）定性测定

①配制反应液：把1% TTC溶液、0.4 mol／L的琥珀酸和磷酸缓冲液按1∶5∶4比例混合。

②把根仔细洗净，把地上部分从茎基部切除。将根放入三角瓶中，倒入反应液，以浸没根为度，置37 ℃左右暗处放1～3 h，以观察着色情况，新根尖端及细侧根都明显地变成红色，表明该处有脱氢酶存在。

（2）定量测定

①TTC标准曲线的制作

取0.4％TTC溶液0.2 mL放入10 mL量瓶中，加少许次硫酸钠粉末摇匀后立即产生红色的三苯甲臜。再用乙酸乙酯定容至刻度，摇匀。然后分别取此液0.25 mL、0.50 mL、1.00 mL、1.50 mL、2.00 mL置10 mL容量瓶中，用乙酸乙酯定容至刻度，即得到含三苯甲臜2.5 μg/mL、5 μg/mL、10 μg/mL、15 μg/mL、20 μg/mL标准曲线。

②称取根尖样品0.5 g，放入10 mL烧杯中，加入0.4％TTC溶液和磷酸缓冲液的等量混合液10 mL，把根充分浸没在溶液内，在37 ℃下暗保温1～3 h，此后加入1 mol/L硫酸2 mL，以停止反应。（与此同时做一空白试验，先加硫酸与根样品，10 min以后再加其他药品，操作同上）。

③把根取出，吸干水分后与乙酸乙酯3～4 mL和少量石英砂一起在研钵内磨碎，以提出三苯甲臜。红色提取液移入试管，并用少量乙酸乙酯把残渣洗涤二、三次，皆移入试管，最后加乙酸乙酯使总量为10 mL，用分光光度计在波长485 nm下比色，以空白试验作为参比测出吸光度，查标准曲线，即可求出四氮唑还原量。

6.计算结果

（1）计算公式

四氮唑还原强度（mg/g·h）＝四氮唑还原量（mg）/［根重（g）×时间（h）］

（2）测定结果

幼树根系活力测定结果见表5-25。

表5-25 铅笔柏、侧柏幼树根系（活力）四氮唑还原强度测定表

树种	四氮唑还原量(mg)	在波长485 nm处的吸光值
铅笔柏	0.279	0.279
	0.284	0.284
	0.291	0.291
侧柏	0.464	0.464

续　表

树种	四氮唑还原量(mg)	在波长485 nm处的吸光值
	0.482	0.482
	0.522	0.522
铅笔柏(Ck)	0.238	0.238
	0.230	0.230
	0.232	0.232
侧柏(Ck)	0.242	0.242
	0.243	0.243
	0.252	0.252

从表5-25中可看出，侧柏根系四氮唑还原强度高于铅笔柏的，即侧柏幼树根系活力强于铅笔柏幼树根系活力，说明侧柏地上部的营养状况及产量水平高于铅笔柏。

第八节　铅笔柏、侧柏抗旱性综合评价

一、抗旱性评价指标体系

1.苗木抗旱能力综合评价指标体系

植物的抗旱性是受许多形态、解剖和生理生化特性控制的复合遗传性状。植物通过多种途径来抵御或忍耐干旱胁迫的影响。单一的抗旱性评价指标，难以反映出植物对干旱适应的综合能力，只有应用多种参数进行综合评价才能较好地反映植物的抗旱特性。根据Leyit（1980）和Turner（1983）对植物抗旱机理的分类思想及杨敏生（1997）对白杨无性系抗旱育种的工作，我们建立了评价铅笔柏、侧柏2种树木抗旱性的指标体系（表5-26）。

表5-26　铅笔柏、侧柏树木抗旱性评价指标体系

性状			指标
干旱的适应能力	避旱型		失水率(蒸腾速率、保水力)
			根冠比
			根系活力
	耐旱型	抗膜脂过氧化	超氧化物歧化酶
			丙二醛
		渗透调节	脯氨酸
			蛋白质
			可溶性糖
			电导率
		保持膨压	饱和吸水时渗透势
			初始质壁分离时的总体渗透势
			零膨压时自然含水量
			零膨压时相对含水量
			质外体水分相对含量
			相对渗透含水量
			零膨压时相对水分亏缺
			零膨压点时的渗透水与饱和水之比即束缚水与自由水之比
			最大体积弹性模量
抗旱生产力			苗高
			地径
			叶绿素(a+b)
			叶绿素 a/b

评价指标体系主要从植物对干旱适应性和抗旱生产力两方面考虑。对干旱的适应性包括避旱能力和忍耐干旱能力。可以看出，这一指标体系基本上概括了树木对干旱的适应性和抗旱生产力的主要方面，用它来评价铅笔柏、侧柏2种树木的抗旱能力，能够得到比较客观的结果。将各指标隶属函数值取平均，得到综合评价结果。每种苗木各指标综合评价主要采用模糊数学隶属函数计算公式进行定量转换后，再将各指标隶属函数值取平均，进行比较。具体公式如下：

如果指标与抗旱性成正相关 $X = (\overline{X} - X_{\min}) / (X_{\max} - X_{\min})$

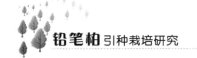

如果指标与抗旱性呈负相关 $X=1-\left(\overline{X}-X_{\min}\right)/\left(X_{\max}-X_{\min}\right)$

式中：$\overline{X}$ 为各指标的平均值；$X_{\max}$ 为各指标中的最大值；$X_{\min}$ 为各指标中的最小值。

将各指标的抗旱隶属函数值累加起来，求其平均值，用比较法进行对比，平均值越大，抗旱性就越强。

2.抗旱适应性指标

避旱能力指标包括失水率、根系活力、根冠比，通过用隶属函数法对抗旱适应性进行综合评价。失水率由轻度、中度、重度水分胁迫下苗木的耗水速率与正常供水的耗水速率的比值相比，计算反隶属函数值。根系活力、根冠比计算隶属函数值。忍耐干旱能力指标包括抗膜脂过氧化、渗透调节和保持膨压。抗膜脂过氧化是SOD和MDA含量在轻度、中度和重度水分胁迫下的测定值的比值，其中MDA用反隶属函数计算隶属函数值。渗透调节是脯氨酸、可溶性糖、蛋白质含量、电导率在轻度、中度、重度水分胁迫下的测定值与正常水分下所测定值的比值，脯氨酸、可溶性糖、蛋白含量用隶属函数法计算；电导率用反隶属函数法计算。保持膨压由零膨压时自然含水量、零膨压时相对含水量、零膨压时相对水分亏缺、相对渗透含水量、最大体积弹性模量、零膨压点时的渗透水与饱和水之比（即束缚水/自由水）、质外体水分相对含量、饱和吸水时渗透势、初始质壁分离时的总体渗透势、P_0 与 P_p 的差值10个指标在水分胁迫下测定值与正常供水的比值进行综合评价，前5个指标计算反隶属函数值，后5个指标计算隶属函数值。

3.抗旱生产力指标

抗旱生产力包括苗木的苗高、地径、叶绿素总含量和叶绿素a与叶绿素b的比值4个指标，分别以各指标在轻度、中度和重度水分胁迫下得到的测定值与正常供水时的比值，来计算隶属函数值。

二、抗旱性评价方法

植物的抗旱性是植物在干旱环境中生长、繁殖或生存的能力，以及在干旱解除后迅速恢复生长的能力，这种能力是一种复合性状，是一种从形态解剖、水分生态生理特征以及生理生化反应到组织细胞、光合器官乃至原生质结构特点的综合反应，所以植物的抗旱性是一个极其复杂的数量性状，单一的指标很难反映品种对干旱胁迫适应的整体能力，探索以多指标综合评价树木抗旱性，成为当今发展的趋势。采用综合指标就要有相应的综合分析方法，目前主要有以下方法：

1.抗旱性隶属函数法

抗旱性隶属函数法为目前应用最广的林木抗旱综合分析方法。采用模糊数学隶属函数值法对不同处理的抗旱性进行综合评价。

2.抗旱性综合指数法

根据各指标变量在抗旱性中的贡献，确定其权重，对经过标准的指标变量值进行加权求和，即得抗旱性指数。抗旱性指数越大，其抗旱性越强。用这种方法进行抗旱性评价时，关键在于各指标权重的确定，可采用经验法（如专家评分法），也可用数学分析法（如层次分析法、主分量分析法等）。

3.抗旱性分级评价法

高吉寅等（1984）用7项指标来鉴定6个水稻品种，根据所测数据把每个指标分为4个级别，把同一品种的各个指标级别值相加，即得该品种的抗旱总级别值，以此来比较不同品种抗旱性强弱，这种多指标分级评价比单指标评价抗旱性的可靠性要高得多。另外，抗旱综合评定也可通过数学分析法，如聚类分析法、加权评分法、相似优先比法等，这些方法为抗旱性综合评定提供了便利。

三、抗旱性评价结果

1.铅笔柏、侧柏幼树抗旱能力综合评价

（1）材料

试验材料为2a生大小基本一致的铅笔柏、侧柏幼苗。

（2）内容与方法

各选3株生长状况良好的铅笔柏、侧柏幼树。

①叶片保水力

采用自然干燥、称重法。每株选择0.5 g新生枝叶（当年生）测定。

对采集的枝叶置于室内自然干燥，在取枝叶后的0、24、48、72、96、120、144 h分别用1/10000电子天平称其重量，计算每一时刻失水占鲜质量的百分比及恒重时间。

②根冠比

采用称重法。计算铅笔柏、侧柏的地下部分与地上部分的鲜质量或干质量的比值。它的大小反映了植物地下部分与地上部分的相关性。

③根系活力

采用氯化三苯基四氮唑（TTC）法测定。

④铅笔柏、侧柏幼树叶绿素含量

根据叶绿体色素提取液对可见光谱的吸收，利用分光光度计在某一特定波长测定其吸光度，即可用公式计算出提取液中各色素的含量。叶绿素的含量（mg/g）=（叶绿素的浓度×提取液体积×稀释倍数）/样品鲜质量（或干质量），测定结果见表5-27。

表5-27 铅笔柏、侧柏幼树叶绿素含量

树种	样号	在特定波长下的吸光值			叶绿素含量（mg/g）			
		663 nm	645 nm	652 nm	叶绿素a含量	叶绿素b含量	叶绿素总量	叶绿素总含量
铅笔柏	1	2.238	0.654	1.274	2.666	0.450	3.116	0.148
	2	2.248	0.679	1.279	2.672	0.503	3.174	0.148
	3	2.261	0.717	1.283	2.679	0.584	3.262	0.149
侧柏	1	1.081	0.364	0.578	1.275	0.328	1.602	0.067
	2	1.087	0.359	0.580	1.284	0.313	1.597	0.067
	3	1.085	0.356	0.583	1.282	0.307	1.589	0.068

表5-28 铅笔柏、侧柏幼树抗旱性指标隶属函数平均值及抗旱能力综合评价

指标	铅笔柏	侧柏	平均	贡献率（%）	关联顺序
叶片保水力	0.4618	0.4520	0.4569	7.773	10
根冠比	0.6058	0.6270	0.6164	10.487	3
根系活力	0.4754	0.4482	0.4618	7.8567	9
叶绿素	0.5342	0.4615	0.4979	8.4709	8
蛋白质	0.6030	0.5940	0.5985	10.1824	4
超氧化物歧化酶	0.6517	0.6374	0.6445	10.965	1
饱和吸水时总体原初渗透势	0.5867	0.4407	0.5137	8.734	7

续　表

指标	铅笔柏	侧柏	平均	贡献率(%)	关联顺序
初始质壁分离时总体渗透势	0.6018	0.4387	0.5203	8.852	5
相对渗透含水量	0.6041	0.4323	0.5182	8.8162	6
质外体相对含水量	0.5749	0.6654	0.6202	10.5516	2
束缚水与自由水的比值	0.5225	0.3364	0.4294	7.3055	11
平均	0.5656	0.5031			
综合评价	1	2			

注：贡献率代表各指标隶属函数平均值占所有指标隶属函数平均值总和的百分比，下表同。

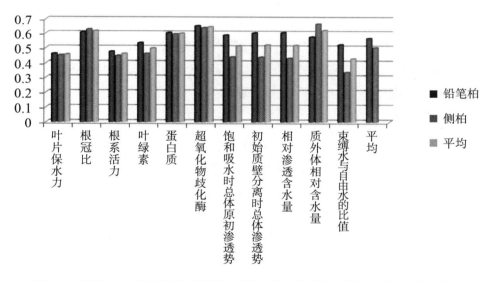

图5-6　铅笔柏、侧柏幼树抗旱性指标隶属函数平均值及抗旱能力综合评价比较

（3）结果与讨论

通过对铅笔柏、侧柏幼树的嫩枝（叶片）保水力、根冠比、根系活力、叶绿素、蛋白质、超氧化物歧化酶（SOD）、饱和吸水时总体原初渗透势（P_0）、初始质壁分离时总体渗透势（P_p）、相对渗透含水量（D_{ROC}）、质外体相对含水量（D_{AWC}）、束缚水与自由水的比值（m_p/m_0）11项抗旱指标的测定，结果表明，在嫩枝保水力方面：铅笔柏＞侧柏；根冠比方面：铅笔柏＜侧柏；根系活力方面：侧柏＜铅笔柏；叶绿素方面：铅笔柏＞侧柏；蛋白质方面：侧柏＜铅笔柏；超氧化物歧化酶

（SOD）方面：铅笔柏＞侧柏；饱和吸水时总体原初渗透势（P_0）方面：铅笔柏＞侧柏；初始质壁分离时总体渗透势（P_p）方面：铅笔柏＞侧柏；相对渗透含水量（D_{ROC}）方面：侧柏＜铅笔柏；质外体相对含水量（D_{AWC}）方面：侧柏＞铅笔柏；束缚水与自由水的比值（m_p/m_0）方面：铅笔柏＞侧柏；应用模糊数学的隶属函数法求其平均值及抗旱指数，综合评价判断铅笔柏、侧柏的抗旱能力的强弱。从表5-28可看出铅笔柏的抗旱能力大于侧柏的抗旱能力；抗旱关联顺序：第1为超氧化物歧化酶（SOD）；第2质为外体相对含水量（D_{AWC}）；第3为根冠比；第4为蛋白质；第5为初始质壁分离时总体渗透势（P_p）；第6为相对渗透含水量（D_{ROC}）；第7为饱和吸水时总体原初渗透势（P_0）；第8为叶绿素；第9为根系活力；第10为叶片保水力；第11为束缚水与自由水的比值（m_p/m_0）。通过对铅笔柏、侧柏幼树的抗旱能力进行综合评价的结果进一步表明树木的抗旱性是由多个抗旱特征共同反映的。某一个测定指标值的高低并不能充分反映出物种的抗旱能力。尽管此处应用了11项指标对铅笔柏、侧柏幼树的抗旱性进行了初步的综合评价，但植物的抗旱生理生化及其诱导信息的传导存在多样化，如何对不同树种选择具有代表性的抗旱评价指标，或者尽可能创建一种具有广泛适用性的抗旱指标评价体系就显得尤为重要。这也是近些年许多抗逆生理生态学领域的专家们研究的热点问题。另外，本次研究结果表明，束缚水与自由水的比值（m_p/m_0）在抗旱性综合评价中可靠性最差。束缚水与自由水的比值（m_p/m_0）对干旱胁迫的响应程度虽已广泛应用于植物抗旱性评价，但也有研究指出，对于耐旱性强的植物，束缚水与自由水的比值（m_p/m_0）测定比较困难，要求测定环境好、精度要高，所以，树木抗旱性评价中对该指标的选择需慎重。

2.铅笔柏、侧柏大树抗旱能力综合评价

将各指标的抗旱隶属函数值累加起来，再求其平均值，平均值越大，抗旱性就越强。各指标的隶属函数是根据重复3次测定结果得出，即3次测定的加权平均值减去测定的最小值除以测定的最大值减去测定的最小值。其中叶绿素、电导率、丙二醛、零膨压时自然含水量（D_{ROWC}）、零膨压时相对含水量（D_{RWC}）、最大体积弹性模量（ϵ）采用反函数值累加起来，再求其平均值，平均值越大，抗旱性就越强。

应用模糊数学的隶属函数法对铅笔柏、侧柏抗旱性指标隶属函数平均值及抗旱能力进行综合评价，结果见表5-29。

表5-29　铅笔柏、侧柏大树抗旱性指标隶属函数平均值及抗旱能力综合评价

指标	铅笔柏	侧柏	平均	贡献率(%)	关联顺序
叶绿素	0.5342	0.4615	0.4979	5.46	12
电导率	0.5417	0.4705	0.5061	5.56	11
可溶性糖	0.3842	0.3269	0.3556	3.90	17
脯氨酸	0.3298	0.3043	0.3171	3.48	18
丙二醛	0.4004	0.4638	0.4321	4.74	15
超氧化物歧化酶	0.6517	0.6374	0.6445	7.07	1
蛋白质	0.6030	0.5940	0.5985	6.57	4
叶片保水力	0.4618	0.4520	0.4569	5.01	14
零膨压时自然含水量	0.6374	0.3921	0.5148	5.65	9
零膨压时相对含水量	0.6115	0.4607	0.5361	5.88	6
最大体积弹性模量	0.5247	0.6293	0.5770	6.33	5
根冠比	0.6058	0.6270	0.6164	6.76	3
根系活力	0.4754	0.4482	0.4618	5.07	13
饱和吸水时总体原初渗透势	0.5867	0.4407	0.5137	5.63	10
初始质壁分离时总体渗透势	0.6018	0.4387	0.5203	5.71	7
相对渗透含水量	0.6041	0.4323	0.5182	5.68	8
质外体相对含水量	0.5749	0.6654	0.6202	6.80	2
束缚水与自由水的比值	0.5225	0.3364	0.4294	4.71	16
平均	0.5747	0.4889			
综合评价	1	2			
			9.1166		

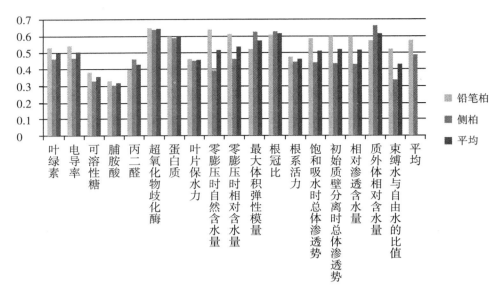

图5-7 铅笔柏、侧柏大树抗旱性指标隶属函数平均值及抗旱能力综合评价比较

四、分析与讨论

通过对铅笔柏、侧柏大树枝叶的叶绿素、电导率、可溶性糖、脯氨酸、丙二醛、超氧化物歧化酶（SOD）、蛋白质、叶片保水力、饱和吸水时总体原初渗透势（P_0）、初始质壁分离时总体渗透势（P_p）、零膨压时自然含水量（D_{ROWC}）、零膨压时相对含水量（D_{RWC}）、相对渗透含水量（D_{ROC}）、质外体相对含水量（D_{AWC}）、束缚水与自由水的比值（m_p/m_0）、最大体积弹性模量（E）和对2a生幼树铅笔柏、侧柏根系的根冠比、根系活力等11项生理生化指标的测定计算及综合评比，结果表明抗旱能力为在叶片保水力方面：铅笔柏 > 侧柏；根冠比方面：侧柏>铅笔柏；根系活力方面：铅笔柏 > 侧柏；叶绿素方面：铅笔柏 > 侧柏；电导率方面：铅笔柏 > 侧柏；可溶性糖方面：铅笔柏 > 侧柏；脯氨酸方面：铅笔柏 > 侧柏；丙二醛方面：侧柏>铅笔柏；蛋白质方面：铅笔柏 > 侧柏；超氧化物歧化酶（SOD）方面：铅笔柏 > 侧柏；饱和吸水时总体原初渗透势（P_0）方面：铅笔柏 > 侧柏；初始质壁分离时总体渗透势（P_p）方面：铅笔柏 > 侧柏；相对渗透含水量（D_{ROC}）方面：铅笔柏 > 侧柏；质外体相对含水量（D_{AWC}）方面：侧柏 > 铅笔柏；束缚水与自由水的比值（m_p/m_0）方面：铅笔柏 > 侧柏；零膨压时自然含水量（D_{ROWC}）方面：铅笔柏 > 侧柏；零膨压时相对含水量（D_{RWC}）方面：铅笔柏 > 侧柏；最大体积弹性模量（E）方面：侧柏 > 铅笔柏。

应用模糊数学的隶属函数法求其平均值及抗旱指数，综合评价判断铅笔柏、侧柏的抗旱能力的强弱。从表5-29可得出铅笔柏的抗旱能力大于侧柏的抗旱能力；抗旱关联顺序为：第1为超氧化物歧化酶（SOD）；第2为质外体相对含水量（D_{AWC}）；第3为根冠比；第4为蛋白质；第5为最大体积弹性模量（ϵ）；第6为零膨压时相对含水量（D_{RWC}）；第7为初始质壁分离时总体渗透势（P_p）；第8为相对渗透含水量（D_{ROC}）；第9为零膨压时自然含水量（D_{ROWC}）；第10为饱和吸水时总体原初渗透势（P_0）；第11为电导率；第12为叶绿素；第13为根系活力；第14为叶片保水力；第15为丙二醛；第16为束缚水与自由水的比值（m_p/m_0）；第17为可溶性糖；第18为脯氨酸。通过对铅笔柏、侧柏树种的抗旱能力进行综合评价的结果进一步表明树木的抗旱性是由多个抗旱特征共同反映的。某一个测定指标值的高低并不能充分反映出物种的抗旱能力。尽管应用了18个指标对铅笔柏、侧柏（16a生）和幼树（2.5a生）的抗旱性进行了综合评价，但植物的抗旱生理生化及其诱导信息的传导存在多样化，如何对不同树种选择具有代表性的抗旱评价指标，或者尽可能创建一种具有广泛适用性的抗旱指标评价体系就显得尤为重要。这也是近些年许多抗逆生理生态学领域的专家们研究的热点问题。

植物的抗旱性受多种生理因素的共同作用，是一个复杂的生理调整机制，各个生理指标间有着一定的关联。本课题对铅笔柏、侧柏2种树种的18个生理指标进行植物抗旱性评价，但各指标所表达的植物抗旱性顺序不同，难以得出明确的抗旱结果。因此，本研究应用模糊数学的隶属函数法对铅笔柏、侧柏抗旱能力做综合评价，将各指标的抗旱隶属函数值累加起来，求其平均值，平均值越大，抗旱性就越强。

应用主成分分析法筛选出影响铅笔柏、侧柏抗旱性的主要生理指标：第1为超氧化物歧化酶（SOD）；第2为质外体相对含水量（D_{AWC}）；第3为根冠比；第4为蛋白质；第5为最大体积弹性模量（E）；第6为零膨压时相对含水量（D_{ROC}）；第7为初始质壁分离时总体渗透势（P_p）；第8为相对渗透含水量（D_{ROC}）；第9为零膨压时自然含水量（D_{ROWC}）；第10为饱和吸水时总体原初渗透势（P_0）；第11为电导率；第12为叶绿素；第13为根系活力；第14为叶片保水力；第15为丙二醛；第16为束缚水与自由水的比值（m_p/m_0）；第17为可溶性糖；第18为脯氨酸。各指标含量的抗旱隶属函数值累加起来，求其平均值，平均值越大，抗旱性就越强，综合评定2个树种抗旱性强弱，结果表明铅笔柏抗旱性强于侧柏。

参考文献

[1]贺善安,伍寿彭,陈永辉.铅笔柏[M].北京:中国林业出版社,1993.

[2]田丽杰,隋新,杨奎民,等.铅笔柏引种及栽培技术[J].林业实用技术,2006(2):17-18.

[3]蒋贵银,刘德胜.铅笔柏种子育苗技术[J].林业科技通讯,1985(11):6-7.

[4]梁鸣,周德本,张悦,等.低温在木本植物种子发芽促进中的应用[J].中国野生植物资源,2000(4):49-49.

[5]殷豪.铅笔柏播种育苗[J].江苏林业科技,1984(1):46-47.

[6]郑振鸿.铅笔柏种子休眠及快速催芽条件的研究[J].种子,1994(4):15-18.

[7]郑振鸿,彭勃.铅笔柏夏季芽移育苗技术的初步研究[J].安徽农业大学学报,1994(2):109-112.

[8]郑振鸿,孟平,郭宗林.铅笔柏夏季壮苗培育技术[J].林业科技通讯,1994(8):30-31.

[9]时秀生,翟金国.铅笔柏芽移育苗[J].江苏林业科技,1987(4):17.

[10]冯殿齐.三十烷醇促进铅笔柏苗木生长试验[J].江苏林业科技,1985(4):24-22.

[11]孟少童,王俊杰,姜成英,等.铅笔柏容器育苗试验初报[J].甘肃林业科技,2004(2):57-59.

[12]喻晓钢,兰珍林.植物扦插溯源[J].四川林业科技,1994,015(1):55-58.

[13]吴友亮.植物扦插生根的原理和技术[J].湖南林业科技,1989(4):47-49.

[14]黄玉民,赵丽云.对影响林木插穗生根因素的探讨[J].辽宁林业科技,1980(2):6-13.

[15]梁玉堂,龙庄如,王道通,等.树木插条生根形态特征和解剖特性的研究[J].

山东农业大学学报,1987(3):4-11.

[16]魏礼文,范红鹰.影响难生根植物插条生根因素及解决措施[J].惠州大学学报(自然科学版),1996(4):63-66.

[17]刘德良.全封闭式扦插育苗法[J].林业科技通讯,2002(3):29-29.

[18]蔡志清,何建平.扦插育苗中湿度传感器的应用[J].南京林业大学学报,1996(3):50-53.

[19]吕德勤.应用新型生根液提高桧柏圃地扦插生根率试验报告[J].辽宁林业科技,1990(4):15-18.

[20]刘文晃.铅笔柏扦插育苗试验[J].江苏林业科技,1986(3):23-24.

[21]单世博,董洪文.铅笔柏扦插育苗试验[J].山东林业科技,1986(4):27-30.

[22]肖开生,李淑琴.铅笔柏当年实生苗嫩枝扦插试验[J].江苏林业科技,1990(1):8-11.

[23]陈日正,郭淼.铅笔柏扦插育苗试验[J].江苏林业科技,1983(4):30.

[24]冯殿齐.铅笔柏扦插育苗试验[J].山东林业科技,1985(4):33-34.

[25]蒋贵银,刘德胜.石质山铅笔柏造林试验初报[J].林业实用技术,1985(7):12-13.

[26]刘文晃,陈邦抒.滨海盐碱土引种铅笔柏试验初报[J].江苏林业科技,1983(2):13-15.

[27]殷豪.徐州石灰岩山地引种铅笔柏初报[J].江苏林业科技,1981(3):42.

[28]徐树华,俞慈英.舟山海岛铅笔柏引种试验[J].浙江农林大学学报,1996(3):306-310.

[29]俞慈英.铅笔柏等国外针叶树种海岛引种试验总结[J].浙江林业科技,1993(6):16-21.

[30]张家麟.北京地区引种铅笔柏成功[J].林业科技通讯,1985(10):8-9.

[31]张家麟.铅笔柏的引种驯化[J].林业科技通讯,1980(5):8-9.

[32]潘志刚,游应天.中国主要外来树种引种栽培[M].北京:北京科学技术出版社,1994.

[33]刘启慎,苏文联.石灰岩低山区水土保持混交林试验研究[J].河南林业科技,1996(2):33-35.

[34]焦树仁,曹文生.铅笔柏引种育苗与造林技术初步研究[J].辽宁林业科技,2000(4):1-2.

[35]焦树仁,曹文生,高树军,等.铅笔柏引种育苗与造林技术研究[J].防护林科技,2000,2(2):11-11.

[36]陈万章.铅笔柏与小意杨混交效果测定[J].江苏林业科技,1991(3):21-24.

[37]曹方录,郇衡玖,杜建设,等.东海引种铅笔柏优良无性系初报[J].江苏林业科技,1993(3):25-27.

[38]孟少童.铅笔柏种源引进及栽培技术研究[D].杨凌:西北农林科技大学,2006.

[39]姜成英,孟少童,王俊杰,等.铅笔柏造林试验初报[J].甘肃林业科技,2005(1):31-34.

[40]姜成英,杨成生,孟少童,等.不同种源铅笔柏抗寒性对比研究[J].甘肃林业科技,2004,29(3):48-49..

[41]戴雨生.铅笔柏梢枯病研究初报[J].南京林业大学学报(自然科学版),1986(2):37.

[42]戴雨生.铅笔柏梢枯病的侵染和发生规律[J].林业科技开发,1988(2):35-36.

[43]戴雨生.铅笔柏梢枯病病菌来源的探讨[J].中国森林病虫,1986(4):18.

[44]戴雨生.铅笔柏梢枯病识别与诊断[J].江苏林业科技,1986(3):43-44.

[45]戴雨生.铅笔柏梢枯病的防治策略[J].江苏林业科技,1988(3):47-48.

[46]戴雨生.丁建宁.铅笔柏梢枯病药剂防治试验[J].江苏林业科技,1989,16(2):31-34.

[47]李传道.铅笔柏枯梢病[J].森林病虫通讯,1986(2):38.

[48]倪民.铅笔柏梢枯病的发生与防治[J].安徽林业科技,2006(1):48-50.

[49]石峰云.铅笔柏叶部病害的识别[J].林业科技开发,1987(2):25-27.

[50]沈百炎.桧三毛瘿螨的初步观察与防治[J].植物保护,1986,12(3):29.

[51]戴雨生,席客,徐福元.铅笔柏芽枯病研究初报[J].江苏林业科技,1986(2).:27-29.

[52]戴雨生.盘多毛孢菌引起的柏树梢枯病[J].中国森林病虫,1987(4):19.

[53]高苏岚,许志春,弓献词.双条杉天牛研究进展[J].中国森林病虫,2007,26(3):19-22.

[54]何旺盛.针叶树抗风干造林试验[J].甘肃林业科技,2008(2).59-61.

[55]丁家兴,郇恒玖.对铅笔柏大苗造林产生"假死"现象的原因分析[J].江苏林

业科技,1995,22(3):52-52.

[56]刘广全,罗伟祥.八种针叶树抗旱生理指标的研究:P-V技术在测定树木抗旱性中的应用[J].陕西林业科技,1995(2):1-5.

[57]孙志虎,王庆成.应用P-V技术对北方4种阔叶树抗旱性的研究[J].林业科学,2003(2):33-38.

[58]田有亮,郭连生.应用P-V技术对7种针阔叶幼树抗旱性的研究[J].应用生态学报,1990,1(2):114-119.

[59]佚名.胡杨、灰叶胡杨P-V曲线水分参数的初步研究[J].西北植物学报,2004(7):1255-1259.

[60]左轶璆,郭连生.运用P-V技术研究树种的抗旱性[J].阴山学刊(自然科学版),2009(2):27-30.

[61]刘建锋,史胜青,江泽平.几种引进柏树的抗旱性评价[J].西北林学院学报,2011(1):13-17.

[62]李海涛,陈灵芝.暖温带森林生态系统主要树种若干水分参数的季节变化[J].植物生态学报,1998,22(3):202.

[63]杨敏生,裴保华.水分胁迫对毛白杨杂种无性系苗木维持膨压和渗透调节能力的影响[J].生态学报,1997,17(4):364-364.

[64]王孟本,李洪建,柴宝峰.晋西北3个树种抗旱性指数的研究[J].植物研究,1996(2):44-49.

[65]孙志勇,王维,季孔庶.6个杂交鹅掌楸无性系的抗旱性比较[J].南京林业大学学报(自然科学版),2009,33(2):39-42.

[66]李彦慧,周怀军,杨敏生,等.廊坊杨苗期的抗旱性研究[J].西北林学院学报,2004,19(1):27-31.

[67]蒋志荣,梁旭婷,朱恭,等.4树种主要生理指标对模拟水分胁迫的响应[J].中国沙漠,2009,29(3):485-492.

[68]陈由强,叶冰莹,朱锦懋.P-V曲线技术比较三种木本植物的水分状况[J].福建师范大学学报(自然科学版),1999(4):71-75.

[69]张建国,李吉跃,姜金璞.京西山区人工林水分参数的研究[J].北京林业大学学报,1994(4):1-9.

[70]曾凡江,宋轩.策勒绿洲4种杨树的生理生态学特性的研究——树-V曲线和持水力的研究[J].辽宁林业科技,2000(5):29-31.

[71]韦小丽,朱守谦,徐锡增.4个榆科树种水分参数随季节和年龄的变化规律[J].山地农业生物学报,2005,24(1):17-21+47.

[72]施积炎,丁贵杰,袁小凤.不同家系马尾松苗木水分参数的研究[J].林业科学,2004,40(3):51-55.

[73]张文辉,段宝利,周建云,等.不同种源栓皮栎幼苗水分适应及耐旱特性比较研究[J].西北植物学报,2003(5):728-734.

[74]范竹姗,王晓秋,刘景江.杀菌剂处理种子对松树幼苗猝倒病的防治试验[J].防护林科技,2008(5):42-45.

[75]杨再起.常见苗木猝倒病害及防治方法[J].科技信息:科学·教研,2007(12):224.

[76]王万里.压力室在植物水分状况研究中的应用[J].植物生理学通讯,1984(3):52-57.

[77]柏新富,卜庆梅,谭永芹,等.植物4种水势测定方法的比较及可靠性分析[J].林业科学,2012,48(12):128-133.

[78]王孟本,李洪建,柴宝峰.晋西北3个树种抗旱性指数的研究[J].植物研究,1996(2):195-200.

[79]李洪建,狄晓艳,陈建文,等.一种用SigmaPlot求P-V曲线水分参数ψ(tlp)的方法[J].植物研究,2004(1):72-76.

[80]郭连生,田有亮.运用P-V技术对华北常见造林树种耐旱性评价的研究[J].内蒙古林学院学报,1998,20(3):1-8.

[81]黄颜梅,张健,罗承德.树木抗旱性研究(综述)[J].四川农业大学学报,1997,15(1):49-54.

[82]柴宝峰,李洪建.晋西黄土丘陵区若干树种水分生理及抗旱性量化研究[J].植物研究,2000(1):79-85.

[83]阮成江,李代琼,姜峻,等.半干旱黄土丘陵区沙棘的水分生理生态及群落特性研究[J].西北植物学报,2000(4):621-627.

[84]汤章城.植物干旱生态生理的研究[J].生态学报,1983(3):14-22.

[85]苏印泉,李瀚,李际红.林木体内水分状况测定——P-V曲线的制作及其应用[J].西北林学院学报,1989(2):33-38.

[86]李吉跃.P-V技术在油松侧柏苗木抗旱特性研究中的应用[J].北京林业大学学报,1989(1):3-11.

[87]李吉跃,张建国.北方主要造林树种耐旱机理及其分类模型的研究(Ⅰ)—苗木叶水势与土壤含水量的关系及分类[J].北京林业大学学报,1993(3).:1-10.

[88]李良厚,贾志英,付祥健.土壤水分胁迫下苗木水分参数变化的研究[J].河南农业大学学报,1999(1):92-99.

[89]魏晓兰,王俊杰,孟少童,等.甘肃黄土区铅笔柏引种初报[J].甘肃林业科技,2010,35(3):51-53.

[90]张建国,李吉跃,姜金璞.京西山区人工林水分参数的研究[J].北京林业大学学报,1994(4):46-53.

[91]刘光崧.土壤理化分析与剖面描述[M].北京:中国标准出版社,1996.

[92]刘友良.植物水分逆境生理[M].北京:农业出版社,1992:139-141.

[93]申建波,毛达如.植物营养研究方法[M].北京:中国农业大学出版社,2011.

[94]J. -F B,Munson A D,Bernier P Y. Foliar absorption of dew influences shoot water potential and root growth in Pinus strobus seedlings[J]. Tree Physiology,1995(12):819-823.

[95]Cheung Y,Tyree M T,Dainty J. Water relations parameters on single leaves obtained in a pressure bomb and some ecological interpretations[J]. Can. j. bot,1975,53(13):1342-1346.

[96]Zobel D B,Riley L,Kitzmiller J H,et al. Variation in water relations characteristics of terminal shoots of Port-Orford-cedar (Chamaecyparis lawsoniana) seedlings.[J]. Tree Physiology,2001,21(11):743.

[97]Maria J C,Dulce C,Maria M D. Response to seasonal drought in three cult ivars of Ceratoni a siliqua:leaf growth and water relations[J]. Tree Physiology,2001(21):645-653.

[98]Grossnickle S C. Shoot phenology and water relations of Picea glauca[J]. Can J For R es,1989(19):1287-1290.

[99]John E M,Kurt H J. Shoot wat er relat ions of mature black spruce families displaying a genotype@environment interaction in growth rate II. Temporaltrends and response to varying soil wat er condit ions[J]. Tree Physiology,1999(19):375-382.

[100]John E M,Kurt H J. Shoot water relat ions of mature black spruce famil ies displaying a genotype@environment interaction in growth rate III. Diurnal pa-tterns as influenced by vapor pressure deficit and internal water status[J]. Tree Physiology,2001(21):

579-587.

[101]Jones M M . Mechanism of drought resistance. In：Palag L G, Aspinall D. Physiology and Biochemisty Of Drought Resistance in Plants[J]. Sydney：AcademicPress, 1981：15-37.

[102]Jordi M, Joan G . Effects of wat er st ress cycles on turgor maint enance processes in pear leaves（Pyrus communis）[J]. Tree Physiology, 1997（17）：327-333.

[103]Kurt H J, John E M. Shoot water relations of mature black spruce families displaying a genotype x environment interaction in growth rate I. Family and siteeffects over three growing seasons[J]. Tree Physiology, 1999,（19）：367-374.

[104]Schult e P J, Hinckley T M . A comparison of pressure-volume curve dat a analysis techniques[J]. J Exp Bot, 1985（36）：1590-1602.

[105]Whit e D A, Beadle C L, Worledge D. Leaf wat er relat ions of Eucalyptus globulus ssp. globulus and E. nitens：seasonal, drought and species effects[J]. Tree Physiology, 1996（16）：469-476.

[106]Wilson J R. Adapt ion to water stress of the leaf water relation of four tropical species[J]. Aust J Plant Physiol, 1980（7）：208-220.

[107]Zine E A, Bernier M C, Bernier P Y et al. Control of pressure-chamber and rehydration-t ime effects on pressure-volume determination of water relation parameters[J]. Can J Bot, 1993（71）：1009-1015.

[108]张世挺,杜国祯,陈家宽.种子大小变异的进化生态学研究现状与展望[J].生态学报,2003(2):353-364.

[109]武高林,杜国祯.植物种子大小与幼苗生长策略研究进展[J].应用生态学报,2008,19(1):191-191.

[110]武高林,杜国祯,尚占环.种子大小及其命运对植被更新贡献研究进展[J].应用生态学报,2006(10):1969-1972.

[111]付登高,段昌群.种子大小在森林更新过程中的生态学意义[J].云南环境科学,2004(A01):10-14.

[112]彭治,方炎明.鹅掌楸生殖生态研究:果实与种子变异格局[J].南京林业大学学报(自然科学版),2004,28(3):75-78.

[113]陈小勇.黄山青冈种子形态变异的初步研究[J].种子,1994(5):16-19.

[114]周德本,梁鸣.木本植物种子综合特征与催芽促进类型相关性的研究[J].

植物研究,2000(4):395-401.

[115]柯文山,钟章成,席红安,等.四川大头茶地理种群种子大小变异及对萌发、幼苗特征的影响[J].生态学报,2000(4):697-701.

[116]刘恩海,张增福.樟子松种子变异与种子品质关系的研究[J].林业科技,1995,20(5):6-8.

[117]赵亚萍,赵学敏,王俊杰,等.铅笔柏、侧柏幼树P-V曲线的制作及其应用[J].林业科技通讯,2017(2):22-25.

[118]赵亚萍,杨成生,薛睿,等.应用P-V技术研究铅笔柏,侧柏的水分参数[J].林业科技,2017(3):32-34.

[119]赵亚萍,赵学敏,薛睿,等.铅笔柏、侧柏抗旱水分特征研究[J].甘肃林业科技,2016(3):18-21.

[120]赵亚萍,赵学敏,李琴霞,等.铅笔柏、侧柏幼苗立枯病的防治试验[J].内蒙古科技,2016(9):118-119.

[121]赵亚萍,赵学敏,薛睿,等.应用P-V曲线技术比较铅笔柏、侧柏抗旱性[J].内蒙古科技,2017(5):204-207.

[122]赵亚萍,赵学敏,杨成生,等.铅笔柏、侧柏幼树抗旱指标综合评价[J].林业科技通讯,2018(5):16-19.

[123]王俊杰,苏瑾,孟少童.铅笔柏幼林新发现的几种病虫鼠害[J].甘肃林业科技,2009(3):46-48

[124]Hide O,Ashok K,Mariko S.Adaptation to High Temperature and Water Deficit in the Common Bean(Phaseolus vulgaris L.)during the Reproductive Period[J].Journal of Botany,2012(2012):1-6.

[125]许桂芳.2种过路黄抗旱生理特性的研究[J].西北林学院学报,2007(5):12-14.

[126]李合生.植物生理生化实验原理和技术[M].北京:高等教育出版社,2000.

[127]魏永胜,梁宗锁.利用隶属函数值法评价苜蓿抗旱性[J].草业科学,2005(6):33-36.

[128]孙志虎,王庆成.应用P-V技术对北方4种阔叶树抗旱性的研究[J].林业科学,2003(2):33-39.

[129]杨俊,马健,王婷婷,等.5种荒漠植物抗旱性及其与抗旱指标相关性的定量评价[J].干旱区资源与环境,2009(6):143-146.

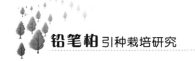
[130]白冰冰,王志刚,陈飞,等.食松、油松和樟子松抗旱水分生理比较研究[J].西北林学院学报,2008(1):10-13.

[131]王乃江,侯庆春,张文辉,等.黄土高原乡土树种光合作用及抗旱性研究[J].西北林学院学报,2006(3):26-29.

[132]张林森,张海亭,胡景江,等.两种苹果砧木根系水力结构及其 P-V 曲线水分参数对干旱胁迫的响应[J].生态学报,2013(11):3324-3331.

[133]吉增宝,王进鑫.干旱胁迫对侧柏幼树某些生理特性的影响[J].西北林学院学报,2009(6):6-9.

[134]李荣生,许煌灿,尹光天,等.植物水分利用效率的研究进展[J].林业科学研究,2003(3):366-371.

[135]潘昕,邱权,李吉跃,等.干旱胁迫对青藏高原6种植物生理指标的影响[J].生态学报,2014,34(13):3558-3567.

[136]高怡然,杨超伟,陈浩,等.干旱胁迫下悬铃木幼苗抗旱性综合评价[J].西北林学院学报,2015(3):45-50.

[137]李长慧,李淑娟,雷有升,等.4种高原乡土禾草的抗旱生理比较[J].草业科学,2013(9):1386-1393

[138]武维华.植物生理学[M].北京:科学出版社,2003.

[139]赵一鹤,李建宾,杨时宇,等.干旱胁迫下3个甜角品种幼苗的生理生化响应及抗旱性评价[J].林业科学研究,2012(5):569-575.

[140]冯士令,程浩然,李旭,等.长林无性系油茶抗旱性的综合评价[J].广西植物,2016(6):735-740.

[141]高俊凤.植物生理学实验指导[M].北京:高等教育出版社,2006.

[142]赵兰,邢新婷,聂庆娟,等.4种地被观赏竹抗旱性综合评价研究[J].西北林学院学报,2011(1):18-21.

[143]何彩云,李梦颖,罗红梅,等.不同沙棘品种抗旱性的比较[J].林业科学研究,2015(5):40-45.

[144]田有亮,郭连生.应用 P-V 技术对7种针阔叶幼树抗旱性的研究[J].应用生态学报,1990(1):114-119.

[145]蒋士梅,杨茂仁.P-V 曲线的制作及其在树木抗旱性研究中运用的讨论[J].内蒙古林业科技,1994(2):8-30.

[146]梁宗锁,李敏.沙棘抗旱生理机制研究进展[J].沙棘,1998,11(3):8-13.

[147]王孟本,李洪建.极端降水条件对林地水分循环的影响[J].水土保持学报,1996,2(3):83-87.

[148]朱美云,田有亮.不同气候湿度下樟子松耐旱生理特征的变化[J].应用生态学报,1996,7(3):250-254.

[149]李岩,李德全.P-V技术在研究细胞壁弹性调节上的应用[J].植物生理学通讯,1996,32(3):201-203.

[150]郭连生,田有亮.林木抗旱性生理指标及其在干旱区造林中应用研究[J].干旱区资源与环境,1993(Z1):328-333.

[151]韦小丽,朱守谦,徐锡增.4个榆科树种水分参数随季节和年龄的变化规律[J].山地农业生物学报,2005,24(1):17-21+47.

[152]施积炎,丁贵杰,袁小凤.不同家系马尾松苗木水分参数的研究[J].林业科学,2004,40(3):51-55.

[153]曾凡江,宋轩.策勒绿洲4种杨树的生理生态学特性的研究——P-V曲线和持水力的研究[J].辽宁林业科技,2000(5):29-31.

[154]高煜珠,韩碧文,饶里华.植物生理学[M].北京:中国农业出版社,1986:287-290.

[155]张景光,王新平,李新荣,等.荒漠植物生活史对策研究进展与展望[J].中国沙漠,2005(3):306-314.

[156]汪企明,张继林,朱新茹.几种树电热温床扦插育苗技术的研究[J].江苏林业科技,1985(4):9-13.

[157]汪企明.几种柏树电热温床扦插育苗技术的研究[J].江苏林业科技,1985(4):9-13

[158]王名全,伍寿彭.铅笔柏的类型和单株选优[J].江苏林业科技,1986(4):1-3.

[159]陈正华.木本植物组织培养及其应用[M].北京:高等教育出版社,1986:141-155.

[160]殷豪.铅笔柏母树林花期观察[J].江苏林业科技,1988(4):11-12,20.

[161]汪企明,傅紫芰,杨净.江苏铅笔柏生长及其个体变异的调查研究[J].江苏林业科技,1989(1):16-21.

[162]汪企明.江苏铅笔柏上长及其个体变异的调查研究[J].江苏林业科技,1989(1):16-21,15.

[163]傅紫芰.铅笔柏选优标准的研究[J].林业科学研究,1990(4):417-420.

[164]汪企明.柏木属引种研究[J].江苏林业科技,1992(1):1-7.

[165]朱之悌,康向阳,张志毅.毛白杨天然三倍体选育研究[J].林业研究,1998(4):22-30.

[166]焦树仁,张卫东.针叶树引种育苗与造林技术研究简述[J].防护林科技,2000(4):32-33.

[167]姜成英,陈炜青.铅笔柏的引种考察报告[J].甘肃林业,2002(6):32-32.

[168]张明如,德永军,李玉灵,等.森林生态学[M].呼和浩特:内蒙古大学出版社,2006.

[169]傅家瑞.关于种子活力的问题[J].植物生理学通讯,1980(4):15-19+46.

[170]赵雨云,李顶立.热击处理对黄瓜种子萌发和幼苗生长的影响[J].西安文理学院学报:自然科学版,2006(3):9-11.

[171]陈玉珍.甜菜抗丛根病细胞生物学特征研究[D].呼和浩特:内蒙古农业大学,2012.

[172]李磊,陈波,张海清.引发剂结合固体基质引发对三倍体西瓜种子发芽性能的影响[J].作物研究,2010,24(3):164-167.

[173]陈苇玲(Wei-Ling Chen),李濡夙(Ru-Su Li),蔡正宏(Zeng-Hong Tsai),等.种姜催芽方法改进之研究[J].台湾园艺,2014,60(4):253-264.